青春文庫

知れば知るほど好きになる!

# イヌの大疑問

ペット生活向上委員会[編]



青春出版社

# はじめに　イヌの不思議行動にはワケがある

昔から私たち人間のパートナーとして一緒に暮らしてきたイヌ。最近は空前のペットブームで、テレビのCMでもイヌの人気キャラクターが現れたりしている。

その行動や仕草は私たち人間の心を和ませ癒してくれるが、その反面、困らせられたり、アッと驚かされたりすることもある。

たとえば、電柱や塀を見るときまって足をあげてオシッコをかけたり、庭にしきりに穴を掘ったり……。そうかと思えば、まるで予知能力があるかのように、ドアを開ける前に玄関でご主人様を待っていたりする。また、ウンチの上で転げ回ったり、お客さんが帰ろうとすると噛みついたり、絶対にやめさせたい行動もある。ところが私たち人間にとっては不可解なこれらの行動も、イヌにしてみればちゃんとした理由があるのだ。

このように長いつき合いのあるイヌだが、実は知らないことのほうが多いのではないだろうか。本書は、そんなイヌの行動・習性の不思議や素朴な疑問を取り上げ、大解剖してみた。

愛犬のホントの気持ちを知れば知るほど、もっと好きになるはずだ。

２００３年12月

ペット生活向上委員会

# 知れば知るほど好きになる！イヌの大疑問●もくじ



## Part 1
## イヌの行動に大疑問！
## なぜ自分のシッポをクルクル追い回すの？

## Part 2
## イヌの身体に大疑問！
# 「肉球」の思いもかけない役割って？

Part 3

イヌの習性に大疑問!

# 人間の言葉をどこまで理解しているのか?

## Part 4

イヌの常識に大疑問！

# 「3日飼ったら恩を忘れない」はホント？

ブックデザイン　坂川事務所
カバー写真　アフロ　フォトエージェンシー
本文イラスト　藤田裕美
DTP　ハッシィ
制作　新井イッセー事務所

# Part 1

## イヌの行動に大疑問！

# なぜ自分のシッポをクルクル追い回すの？

## ウンチをしたあと地面を引っかくワケは?

ウンチをした後、後ろ足で土をかけるような仕草をする雄イヌがいる。まるで土を被せて自分のしたのを隠そうとするような行動だ。「ウチの愛犬はエチケットを知っているから、ちゃんとウンチの後始末をしようとしている」と思う飼い主がいるかもしれない。

しかし残念ながらイヌにそんな気持ちはない。これはマーキング行為の一種で、後ろ足で蹴るように土をかけることで地面に自分のニオイをつけたいのである。

実はイヌの足の指の間には汗腺がある。もっともこの汗腺は汗を出すためのものではなく、そのイヌ固有のニオイが分泌される部分なのだ。

この分泌物を地面にこすりつけることで「ここはオレの縄張りだ」と、ほかのイヌにニオイでサインを送ろうとしているのである。

さらに引っ掻いた跡も残されるわけだから、排泄物も含めて視覚的な効果も充分表れているのだ。

あとからやって来たイヌは、ウンチをした跡を見て地面のニオイを嗅げば、先にマーキングしていったイヌの存在をハッキリと知ることになる。

足の裏がくさい人間もいるが、イヌのようにマーキングができたらおもしろいかもしれない。

## なぜ自分のシッポをクルクル追い回すの？

ときどき自分のシッポを一生懸命に追いかけているイヌを見かけることがある。これはイヌの遊びの一種で、嬉しいときや楽しいときなどにグルグル回る習性があるのだ。しかし、「1人遊びができるなんて、いい子だ」なんて早合点しないほうがいい。

これは誰も相手にしてくれないから、1人でシッポを追いかけて遊んでいるだけ。遊んでいるといっても誰にも相手にしてもらえずに退屈しているというサインなので、散歩に連れて行ってあげたり一緒に遊んであげるといいのだ。

また、眠る前にクルクル回っているのは寝床を平らにしようとする野生時代の名残りだといわれているので気にすることはない。

ところが病気が原因でクルクル回ることもあるので、こちらは要注意だ。たとえば平衡感覚をつかさどる三半規管や小脳に問題があるときや、年をとってボケの症状として回ることもある。

あるいはシッポに異常があって追い回すこともある。なかでもよくあるのがノミで、実際は腰のあたりをノミに刺されてかゆいのだが、つかみやすいシッポのほうを追いかけていることが多い。

いつも遊んであげているのにそういった行動が止まらないようであれば、病気を疑ってみる必要があるだろう。

## 人間の足に絡みついて腰を動かすのはなぜ?

この行動はマウントもしくはマウンティングというものだ。オスだけではなくメスも行うし、オス同士やメス同士で行うこともある。

広くは性行動の一環であるが、実はイヌが自分の優位性を示すために行うこともある。人間に対して行われる場合は後者と考えていいだろう。

イヌは相手に対して警戒心や畏怖《いふ》心を持っていれば、マウントをすることはない。絡みついて腰を動かされる人間は、実はイヌにとってくみしやすい相手とか自分より下位であると見なされた相手なのである。

マウントをされた人間が性行動と勘違いして「あらあら困ったわねぇ」などと言っていると、イヌは自分の優位性をますます確信してしまう。

そうなると大変だ。散歩のときに自分が先頭に立ってリードを引っ張ったり、食事を催促するようになったり、ひどくなると噛みつかれたりするようになることもある。命令を聞かなくなるので、散歩のときなどほかのイヌとトラブルを起こしやすくもなる。

マウントをやめさせるためには上にのしかかってきた時点で払いのける、押さえつける、無視して席を立つなどいろいろな方法があるようだが、いずれにしても毅《き》然《ぜん》とした態度が大切だ。

日頃から飼いイヌを溺愛している飼い主は、自分がリーダーたりえているか振り返ってみることも必要である。

## どうしてウンチの上でゴロゴロ転がるの？

いいニオイとは、深呼吸して胸いっぱいに吸い込んでみたくなるようなニオイだ。人間にとっては、たとえばアロマの香りとかおいしそうなラーメンの匂いなどだろう。

ところが、イヌにとってのいいニオイは人間のそれとは全然違うらしい。ウンチのニオイなど人間にとってはとんでもないようなニオイが、イヌにはこのうえなくいいニオイに感じられるようなのだ。

たとえば、ときどきウンチに自分の背中をこすりつけながらゴロゴロするのは、イヌがくつろいでいる証拠である。さしずめ大好きなニオイにうっとりというところなのかもしれない。

このウンチの上で転がるもうひとつの理由としては、狩りをしていた頃の習性によるもの。動物同士はニオイで相手の存在を知るが、草食動物は肉食動物のニオイで危険が近づいてくるのを察知するため、狩りを有利にする目的でイヌはほかの動物のウンチをカラダにつけて自分のニオイを消していたのだという。この習性は、猟犬だった犬種に今でもよく見られるといわれている。

しかし、いずれにしても飼い主にとっては困った行動であることに変わりはない。この困った行動を防ぐためには散歩でも遊びでもいいから、もっと楽しいことを用意してやることだ。

人間同様、ほかに楽しいことが見つかれば悪い遊びはやめられるものなのである。

## 人の顔をペロペロ舐めたがるのは、どうして？

イヌの舌は、エサを食べるとき以外にも実にいろいろな働きをしている。せっせと毛繕いをしたり、汚れてしまったお尻の周りをきれいにしたりと便利なことこのうえない。

しかし人間にとっては、たった今お尻をきれいにした舌でペロペロ舐められるのはちょっと勘弁してもらいたいという気持ちになるものだ。

実は、イヌが顔をペロペロ舐めるという行為は「ご主人様、大好き！」という表現だったり、「ご主人様、尊敬してます」という意味。イヌにとってはごく普通の愛情表現だ。また、叱られた後なら「ごめんなさい、ご主人様。もうしませんから許してください」という服従の表現にもなる。

それでもイヌに顔を舐められるのがイヤなら、飼い主は自分の手を舐めさせるようにするといい。そして同時にやさしくなでてやろう。イヌは飼い主への親愛の情が受け止められたと感じて安心するはずだ。

もしも飼い主に拒否されたり叱られたりすると、イヌは「ボクのこと、嫌いなの？」と思いとまどってしまうので、絶対やめること。イヌにとって飼い主は常にリーダーなのだから、落ち着いて生活させてやるのが飼い主の務めというものだ。

だからといって、「お返しに」と自分からイヌの顔を舐めることまでする必要はないだろう。

## 肉食なのに、ときどき草や土を食べているけど？

愛犬を散歩に連れて行くと公園でしきりに草を食べることがある。エサを与えたばかりなのにまだ食べ足りないのかと思い、「意地汚いなあ」と顔をしかめてしまう飼い主もいるだろう。

イヌはお腹が空いているから草を食べるわけではないのだ。もちろんエサに野菜が不足していてビタミンを欲しがっているということでもない。

イヌが食べたいと思っているのは草というより植物性の繊維なのだ。なぜそんなものをお腹に入れたいのかというと、そんなときはたいてい胃の調子が悪い状態にあるからなのだ。繊維質を胃に入れれば自ら嘔吐することを知っているのだ。

人間は消化不良を起こすと胃薬を飲んで何とか胃の中のものを消化させてしまおうとするが、イヌの場合は逆に消化不良になっているものをカラダの外に出そうと

するのである。

つまり、嘔吐をすることで胃のむかつきを取り除こうと本能的に思うらしい。繊維質のものを大量に胃の中に入れることで消化不良を加速させて嘔吐するのである。

もしイヌが草を食べたら、飼い主は愛犬の胃の具合がよくないことを察してあげよう。エサが足りないのかと思って、さらに増やしてあげることはイヌにとってははた迷惑な話でしかないのだ。

## オシッコするとき、なんで片足をあげるの？

雄イヌを散歩に連れて行ったとき、必ずやるのが電信柱に片足をあげてオシッコをかけることだ。電信柱がなければブロック塀などにオシッコをする。

雄イヌはなぜ好んで電信柱などを選ぶのだろうか。実は地面に対して垂直に立っているものに自然と反応してしまうのだ。その理由は垂直になっている部分は地面から切り離されており、ほかのニオイがつきにくいからだ。これなら、自分の縄張りを示すニオイを新鮮なまま保っておくことができるのである。

それに垂直になっている所なら、後から来たイヌのちょうど鼻先あたりにニオイを残しておくことにもなるので一石二鳥というわけだ。

散歩に出かけた際に雄イヌを観察していると、電信柱であろうがガードレールであろうが、とにかく垂直に地面から突き出しているものを見つけるとすぐそばに寄っていって片足をあげるはずだ。また一説によるとイヌが片足をあげるのは、より高いところに自分のニオイをつけたいためだという。そうすることで後から来たイヌに自分が相当大きなイヌだと思わせたいらしい。

ただし、他人の家の門柱や塀にオシッコをさせることだけは最低限のエチケットとしてやめさせたいものである。

## 嗅覚がいいのに、何でも飲み込んでしまうワケは？

急に愛犬の食欲がなくなって、しかもお腹が張ってウンチまで出なくなったら飼い主は大慌てで獣医のところに連れて行くはずだ。診断してみたらなんとゴルフボールを飲んでいたなんていうことが実際にあるのだ。

イヌによっては毛布やティッシュまで口に入るものは何でも食べてしまうというから、何とも困った動物なのである。

それにしてもイヌは人間の100万倍も嗅覚が優れている。口に入れる前にニオイを嗅げば、それが食べられるものかどうかぐらいわかりそうなものだ。なぜ何でも口に入れて、しかも飲み込んでしまうのだろうか。

イヌにとって何か物をくわえるということは本能なのだ。これはまだイヌが人間と一緒に暮らす前、獲物を口にくわえて巣に運んでいた記憶がそうさせるといわれている。また、口に入ったものをつい飲み込んでしまうのは、獲物を仲間と奪い合って噛むひまもなく飲み込んでいたことの名残りだと考えられているのだ。

イヌにとって何でも口にしてしまうのは「やめられない」行為なのである。

## ドアを開ける前に玄関で待っているのはなぜ?

仕事から疲れて帰ってきたご主人を、家族の誰よりも先に出迎えてくれるのが愛犬という家はけっこう多いものだ。しかも、ドアを開ける前から玄関に座って待っているとなれば、かわいさもひとしおである。

それにしてもドアを開ける前になぜイヌは玄関まで来ているのだろうか。実は、イヌの聴覚は小さな音から大きな音まで人間の約6倍の性能で聞き分けることができるといわれているのである。

そうなると人間にはすぐ近くでしか聞こえない物音も、イヌにはずっと遠くから聞こえていることになる。ちなみに、ある実験では人間の耳には4ヤード（約3・7メートル）離れると聞こえなくなるような音が、イヌには25ヤード（約23メートル）離れていても聞こえているという結果が報告されている。

つまりご主人が家に近づいてくると、さまざまな音の中からご主人特有の足音を聞きつけて玄関までお出迎えのために、いそいそとやって来るのだ。もちろんこれが不審な物音なら今度は番犬として「ワンワン」と吠えるのである。

## 留守番させると室内を引っかき回す理由は？

いつもイヌと一緒に生活している飼い主がたまに家を留守にして帰ってくると、

まるで泥棒でも入ったかのように部屋中が引っかき回されていることがある。しかも、しっかりしつけたはずの愛犬が床の上にオシッコをしていたらどうだろう。いつもイヌにうるさいことばかり言っているから、留守番をさせられている間に日頃の恨みを発散したと考えてしまうだろうか。

実は、この飼い主はイヌに独りで留守番させることを覚えさせていなかったのだ。イヌは群れ社会で生活していた動物だから、突然の孤独にはめっぽう弱いのである。

しかも出かけるときに「ちゃんと留守番しててね」と言いながら、必要以上にダッコをしたりなでたりしてからドアをガチャンと閉めようものなら、イヌにとっての孤独感はなおさら強くなる。

もうこれっきりご主人と会えなくなるのではないかとパニックになってしまうのである。そうなると募ってくる不安や心配を紛らわせるため、クッションをかじって穴を開けたり、押さえられなくなった不安で思わず場所も構わずオシッコをしてしまうのだ。

こういうときは毎日少しずつ、独りで部屋にいることに慣れさせなければならない。そうしないといつまでたっても独りで留守番ができるようにはならないのだ。

見かけは強そうでもイヌのハートは思っている以上にデリケートなのである。

## なぜ脱走や逃走をするの？

さっきまでうるさく吠えていた飼いイヌがやけに静かになったので、おかしいと思ってイヌ小屋をのぞいてみたら、もぬけの殻。いつの間にか自分の家から逃走してどこかに行ってしまった、ということがある。

ついにイヌにまで見切りをつけられてしまったと途方に暮れる飼い主もいるだろう。実は、イヌが脱走するにはワケがあるのだ。

そのひとつはストレス。日頃からあまり遊んでやらずにクサリに繋いだままでエサも充分に与えてやらないと、イヌの不満が高まってもっと生活しやすい世界に行こうとイヌ小屋からトンズラするのである。

しかし脱走の理由で一番多いのは雌イヌの誘惑だ。発情期になると雌イヌは性誘因物質のフェロモンを出すため、そのニオイを嗅ぎつけた雄イヌは何が何でも雌イヌのところに行きたくて仕方がなくなるのである。

もし飼い犬が脱走して、どこかの雌イヌを妊娠させてしまったら、それこそ大変。人間の世界なら、できちゃった結婚もまかり通るが、これがペット同士となるとそうはいかない。場合によっては雌イヌの飼い主に訴えられることもあるから覚悟が必要だ。恋の季節は要注意の季節でもある。

## 散歩のとき、飼い主を引っ張るように歩くが？

イヌにとって毎日の散歩は欠かせないもの。健康を維持するためだけではなく、飼い主とのコミュニケーションをはかるうえでも大切な運動だ。もともと広い野原を駆け回るのが大好きな生き物で、運動不足になるとしだいにストレスがたまって病気になってしまうのは人間と同じだ。

中型犬や大型犬はもちろんのこと、室内で自由気ままに動き回っている小型の室内犬でさえも1日に1回は散歩に連れて行ってあげることが必要だ。小型犬で20～30分、中型犬や大型犬になると40分～1時間くらいは時間をかけてあげたい。

ただ、散歩といっても人間の歩く速度に合わせてくれるイヌもいれば、力任せに強引に飼い主を引きずっているイヌも珍しくない。

こんな勝手極まりないイヌは、自分が引っぱることで飼い主を少しでも楽に歩かせてあげようとしているのではない。実はイヌは自分の主人には従順だけれども、それ以外の人間やイヌに対しては自分のほうが上だと思っている。

当然、散歩のときに飼い主を無視して我先に歩くイヌは「自分がリーダーだ」と思っているわけで、両者の主従関係を逆転させない限り、永遠に引っ張られることになる。

その点、飼い主を自分のリーダーと認識しているイヌは、飼い主が走れば一緒に

走るし、止まれば脇にぴたっと止まってくれるのだ。

もちろん、イヌの好きなように走らせたいからそんなことは気にしないという飼い主であれば問題はないが、いつも引っ張られて手が痛くて…という人は一度きちんとしつけすることをお勧めする。

## 外から帰ると、飛びついてくるのはなぜ？

ご主人が帰って来たときやイヌ好きの来客があったとき、玄関でシッポを振って飛びついてくる愛犬は何ともかわいいものだ。しかし、これが小型犬なら愛くるしいが大型犬となると話は少し変わる。

ゴールデン・レトリバーのような体重が30キロを超えるようなイヌになると、大人でも飛びつかれた拍子に押し倒されてしまうことがあるからだ。

イヌが飛びついてくるのは服従表現のひとつなのである。言葉が話せないイヌは常にボディランゲージでコミュニケーションをとろうとしている。

なかでも飛びつく行為は、大好きな人の顔にできるだけ自分が近づきたいからだといわれている。

そして目の前に顔がくると今度はベロベロと舐めて服従の意図を示すことになるのだが、大型犬だと唾液で顔中がベトベトになってしまう。

ただひとつ覚えておきたいのは、飛びつくことのすべてが服従のポーズだとは限らないことである。同じように飛びつく行為にマウント行動がある。これは自分が相手よりも優位にあることを示すイヌの行動で、これを放っておくとイヌは相手より自分の方が上位にいると誤解するようになる。

仮にそれが服従の表現だったとしてもお客さんの服を汚してしまったり、子どもやお年寄りにケガをさせてしまうことがあるから、特に大型犬の飛びつき行為はやめさせるようにしたいものだ。

イヌの服従表現はほどほどにさせるのが、人にとっても愛犬にとってもよいのだ。

## イヌとネコは仲良しになれるの？

イヌとネコが出会うと、イヌのほうは親愛の情を示すのにネコは背中を逆立ててフーッと威嚇することが多い。ネコと友達になりたいのに相手にされないイヌの姿はせつないものだ。

イヌとネコのこの違いは何なのだろうか。

分類学上オオカミの仲間であるイヌは、本来は群れで生活する動物だ。だから、飼い主にとってはイヌを「飼っている」つもりだが、イヌからすれば飼い主の家族は自分と共に生きている群れなのである。

家族1人ひとりは群れの一員であり、もしもそこにネコがいれば、ネコもやはり同じ群れをなす仲間なのだ。だからイヌは、飼い主の家族に対してもネコに対しても同じように親愛の情を示すのである。

一方のネコは、もともと単独で生活する動物だ。だから仲間を欲しがるという意識がない。自分よりもカラダの大きなイヌが近づいてくれば、警戒心や敵対心を抱くことはあっても、親しみを持つことはない。

ネコは人間に対して一定の距離を置いてクールに行動するが、同じようにイヌに対してもあまり関心がないのだ。

まれに仲良くしてくれるネコに出会うイヌもいる。2匹の仲がうまくいくように、そっと見守ってあげたいものだ。

## なんで自分のウンチを食べてしまうの？

子イヌの頃によく見られるのが「食糞症《しょくふんしょう》」といって、自分のウンチを食べてしまうことである。この原因は３つ考えられている。

まず栄養のバランスが崩れているときがある。ドックフードなどさまざまな栄養素が含まれている食事をイヌに与えているなら問題がないが、ダイエットをさせるつもりで与えるエサの量を極端に少なくしたり、あるいは栄養が偏ったものを与えていると、イヌは自分のウンチを食べることでなんとか偏った栄養が取り戻せないかと思ってしまうのである。

もうひとつがストレス。ウンチを食べると周りが大騒ぎするので、あまり飼い主に構ってもらえないイヌが自分の存在をアピールして注目されるために食糞をすることがあるのだ。そして最後は好奇心だ。子イヌは何でも口に入れたがるから、ウンチを好奇心から食べてしまうのである。

「食糞症」は成犬になると自然となくなるようだが、さまざまな病気を呼び込むため、すぐに対策を講じたほうがいい。もしウンチを食べたらエサの量や内容を考えたり、あるいはストレスを発散させるためイヌを散歩に連れて行くことなどが必要である。

## 怯えたイヌがシッポを股の間にたくし込む理由は？

愛犬を連れて散歩をしているときに、突然凶暴そうな大型犬に吠えられることは誰もが経験することだ。

相手のイヌはクサリに繋がれていて絶対に飛びかかってくることができないのに、吠えられた愛犬はシッポを股の間にたくし込み、急いでその場を立ち去りたがるだろう。

そんなイヌの仕草に「そこまで怖がらなくても…」と飼い主は思ってしまうが、このときシッポを股の間にたくし込んでしまうのにはわけがある。

イヌはシッポの先や鼻先などカラダの末端にあたる部分が非常に敏感にできてい

るのだ。外敵に襲われたとき真っ先にケガをするのがこの部分だからなのである。つまり自分より強そうなものに吠えられて危険を察知したイヌが本能的に防御の姿勢としてとるのが、シッポを股の間にたくし込む行為だったのだ。

またシッポをたくし込めば肛門から発する自分のニオイを消すことにもなり、相手に自分の存在を気づかせなくする一石二鳥の効果もある。

人間の世界ではケンカに負けて逃げ出した相手を指して「シッポを巻いて逃げていった」と言うが、この言葉はイヌの世界からやってきたものなのだろう。

## 飼い主の寝床に入りたがるのは、どうして？

外国映画などのワンシーンで、イヌが眠っている飼い主を起こしにベッドに入ってくるところを見たことがあると思う。なんとも微笑ましいものだが、これはベッドにイヌが入るのを許している証拠でもある。

イヌはオオカミの頃から群れで生活していて、眠るときも仲間同士で寄り添うように眠っていたので人間と暮らすようになってもその習性は変わらない。特に子イヌのころはその傾向も強く、飼い主のほうもそのかわいらしさからつい一緒に寝てしまうことがあるようだ。

1人で寝かせようとすると「クーン、クーン」と悲しげな声を出すが、ここはぐっと我慢して1人で寝る習慣をつけないと後々苦労するのは飼い主のほうなのだ。小型犬ならまだしも、大きくなったイヌと一緒のベッドではかなり窮屈になってしまうだろう。さらにベッドの中はイヌの毛だらけになって掃除するのも大変だ。もう子イヌではないからそろそろ別に寝ようと思ってみても、イヌのほうは納得しない。ずっと一緒に寝ていたその場所が自分の寝床であり、飼い主と一緒に寝たいと思う場所なのだ。

いくら怒っても、別の寝床を用意しても飼い主のところにもぐり込んでこようとする。無理矢理別のところに寝かせれば、今度はそれがストレスとなって問題行動を起こす原因にもなってしまう。

何事も最初が肝心。家に迎え入れたときにイヌの寝床をどこにするかは、後々のことを考えて決めるべきである。「クーン、クーン」と初めのうちは泣いていても、何日かすればどんなイヌもそこが自分の寝床だと覚えるのだ。

ベッドがダメなら寝室の隅っこならいいのではないかと考えそうだが、これも問題がある。夫がイヌばかりをかまいすぎて夫婦仲がこじれたという話もあるからだ。いくら家族同然のイヌでも、夫婦のプライバシーは守ったほうがいいようだ。

## 食べたらすぐに横になりたがるのはなぜ？

「イヌの早食い」といわれるほど、イヌの食事はあっという間に終わる。それはほとんど噛まずに飲み込んでいるせいだ。

イヌの胃は消化器官全体の60パーセント以上を占めていて、かなり大きい。その

大きな胃がいっぱいになれば横になって食休みしたい気持ちはわかる。人間ならば「牛になるぞ！」と言われるところだが、イヌはおかまいなしで寝そべっていられるわけだ。

ところがイヌが食後に寝そべっているのにはちゃんとした理由がある。イヌの胃は横長に吊られたような状態で、食後に激しい運動をすると胃がねじれてしまうことがある。特に大型犬がそうで、食後1～2時間後に苦しみ出し、お腹が異常に膨れてきたら危険信号、胃が破裂している場合もままある。すぐに病院へ行かなければ生死に関わることもあるのだ。

そのため大型犬は一度にたくさんの食事を与えずに、2回以上に分けて与えるほうがベストだ。そして食後の運動はどんなイヌでも一切禁止。このことは飼い主も肝に銘じておかないと大変なことになるのだ。

## どうしてイヌは「イヌ食い」なのか？

「イヌ食い」という言葉がある。イヌがガツガツと食べる様子からきているもので人間でもガツガツ食べる人をこう呼ぶが、ほめ言葉でないことは明らかだ。

しかしイヌのこうした食べ方には、れっきとした理由がある。イヌの祖先たちは広い草原や森林の中で群れをつくり、リーダーの統率の下に狩りをして生きていた。大きな獲物は群れで協力して倒すが、そうすると大勢でひとつのエサを食べることになる。

ゆっくりのんびり味わって食べていたのでは、ほかのイヌたちにエサのほとんどを食べつくされてしまう。そんなことが続けば自分の命が危うくなる。そこでイヌは噛まずに飲み込むようになり、その習性が今に残っているというわけだ。

また、イヌの歯の構造はそれ自体が食べ物をよく噛むようにはできていない。人間の歯が上下合わさって食べ物をすりつぶすのに対して、イヌの歯は上下が噛み合わないので適当な大きさに噛み切ったものを飲み込むしかないのである。

人間であればカラダによくない食べ方だが、イヌのカラダに害はないので心配する必要はない。たまに食べたものを吐き出してまた食べているイヌがいるが、これも消化不良を起こしているわけではなく、群れの中でとりあえず確保した食物を後でゆっくり食べたり、母イヌが子イヌに吐き出したものを与えたりする習性からくるものだ。

こうした習性を知らずに「ゆっくり食べなさい」などと言われたら、イヌは困惑してしまうに違いない。

## 庭に穴を掘りたがるワケは？

イヌが庭に穴を掘るのは野生時代の本能によるものだ。大昔は地面に穴を掘って、そこにうずくまっていたという。これを野生動物の「穴居《けっきょ》生活」というが、この習性が今も根強く残っているのだ。

また、狩猟によって食料を得ていたイヌの祖先たちは、捕れた獲物が食べきれないとき、それを埋めておいて後で掘り出して食べることもしていた。穴を掘るのは食料を保存する生活の知恵でもある。

さらにこの本能は獲物を捕らえることでも培《つちか》われてきた。ウサギやネズミなどのように地面の穴の中に住んでいる小動物を捕らえるためには、穴掘りがうまくなければならない。

イヌは人間に飼われるようになって穴掘りの必要性はなくなったかもしれないが、それは習性となって今でも残っている。たとえばストレスの溜まったイヌが意味もなく庭に穴を掘ることがあるのはその血が騒ぐからなのだ。

こういうときは頭ごなしに叱るのではなく、散歩に連れ出して思う存分遊ばせストレスを解消してやるのが賢い飼い主だ。

## なぜ骨を土に埋めたがるのか？

イヌに骨を与えると大喜びするが、ちょっとかじりつくとすぐに庭に穴を掘って埋め始める。後で掘り返してまたかじるのかと思って見ていると、そのまま骨のことなど忘れてしまうことすらあるようだ。

なぜイヌは骨を貰うとすぐに穴を掘って埋めようとするのだろうか。これはイヌの祖先がオオカミだったことに関係している。

オオカミは狩りで獲物を仕留めるとその場で食べきれないものは地面に穴を掘って埋め、空腹になったときに再び掘りだして食べていた。食料を保存するというのが生きるうえでの知恵だったのだ。その血を受け継いでいるのがイヌというわけだが、人間にペットとして飼われるようになると充分にエサが与えられ、食べ残しもきれいに片づけられてしまうので保存する必要がなくなった。

しかし骨だけは別だ。その場ですぐにすべてを解体して食べてしまうことができないためイヌにとっては食べ残しと同じになり、それを保存するために本能的に穴を掘って埋めようとしているのである。

これは骨だけに限ったことではない。おやつ用として売られているさまざまな形をしたガムも同じだ。大きなものを与えるとその場では全部食べられないから、どこかに埋めてしまおうとくわえたまま庭や部屋の中をウロウロするのである。

食べ残しを捨てずに保存する知恵は立派だが、埋めたことまで忘れてしまうのはイヌの脳天気な性格によるものだ。

## しきりに頭を振ったり、後ろ足で耳を掻くが？

愛犬を観察していると、ときどき耳の後ろをしきりに後ろ足で掻くことがある。

なかなか器用に足を使うなと感心してしまうが、ただこれをあまり頻繁に行うようになると耳の病気を疑ったほうがいいかもしれない。

この仕草は耳をかゆがっているためであり、病気としては外耳炎や耳ダニなどが考えられるからだ。

なかでも耳の中に外気が直接入りにくいイヌが病気になりやすいようで、犬種としては一時期ブームだったミニチュアダックスフントのように耳が垂れているイヌがそうだ。

もし耳をかゆがっているようだったら、一度耳の中を覗いてみよう。このとき、悪臭のする褐色や黄色がかった耳垢が出るようだったら病院に行ったほうがいいだろう。

外耳炎になりやすいイヌは予防も大切。特にシャンプーのときは耳に水が入らないように耳栓をしたり、水分を残さないようにきれいに拭き取ること。定期的に耳掃除をしてあげるのがベストだが、その際は人間と同じように綿棒などを使うといいだろう。

垂れ耳のイヌは愛嬌があって何とも可愛いものだが、やはり生まれついてのウイークポイントがあるのである。

## ケンカに負けたイヌが相手にお腹を見せる意味は?

ケンカに負けたイヌは「降参、降参」とばかりに仰向けになってお腹を見せる。これはイヌの服従の姿勢である。

強い者に対して「自分はもう逆らいません」と表現しているわけだ。飼い主に甘えるときにも仰向けになってお腹を見せるが、これもリーダーに対して忠誠心を示していることになる。

ただ、今はペットとして飼われるイヌがほとんどだから、日常の中でイヌ同士が牙をむくような激しいケンカをして、どちらかを力ずくで服従させることはあまり見受けられない。

それでもときどき公園でイヌ同士を遊ばせていると、突然一方のイヌがお腹を見せて仰向けになることがある。これはケンカというよりも、相手の嫌がることをして威嚇されてしまったイヌが、「降参、降参」と言っているのだ。

遊びの中でも服従のポーズをとって無用なトラブルを避ける姿を見ていると、イヌは人間よりよほど平和主義者に思えてくる。

## 帰ろうとした客の足に噛みつくのはなぜ？

イヌが噛みつくにはそれなりの理由がある。

まずは、飼い主がきちんとイヌをしつけていない場合。子イヌのうちから飼い主を群れのリーダーとして行動するような育てられ方をしていないと、飼い主をバカにするだけでなく、だれ彼なしに噛みつくようになってしまう。

しかし最も一般的なのは、イヌから逃げようとするからだ。本来、狩猟本能を持つイヌにとって、動きながら少しずつ遠ざかっていくものは獲物と同じと見なすのだ。「帰っていく客に噛みつく」理由はこれと同じである。客の方はイヌのことなど気にもとめずに「今日はたいへんごちそうになって……」と席を立とうとするが、これがイヌにとっては見知らぬ人が突然立ちあがり背中を見せて遠ざかっていくとしか見えないのだ。

訪れた家で帰るときにイヌに噛みつかれたくないならば、まずイヌのほうを向いて普通の声で話しかけよう。自分は獲物でなく人間だと示してやるわけだ。

それでもイヌが納得していないようであれば、そのまま後ろ向きで玄関まで行ったほうがいいかもしれない。

## 床や地面にお尻をこすりつけるのは何のため？

イヌはときどき地面や床にお尻をこすりつける仕草をするが、これは肛門腺が詰まっていて不快な感じを取り除くために行うことが多いようだ。

肛門腺とは肛門の内側にある豆粒ほどの器官のことで、イヌはここからそれぞれ固有のニオイを出している。視覚よりも嗅覚で世の中を識別するのがイヌの世界だから、肛門腺から出すニオイの分泌物は自分の存在を知らせるうえで最も重要な手段のひとつなのである。

たとえば公園で見知らぬイヌ同士があいさつ代わりにお尻のニオイを嗅ぎ合うことがあるが、これは肛門腺から出る分泌物のニオイを嗅いでいるためなのだ。つまり相手がどんなイヌなのかその素性をニオイによってわかろうとするのである。

イヌがお尻を地面にこすりつけるのは自分のニオイをつけて縄張りを主張したいこともあるが、ほとんどの場合、肛門腺が何らかの理由で詰まってしまい、それを取り除きたいために行うのだという。

人間ならずともイヌにもお尻の悩みがあったのである。

## 雷にパニックを起こすのは、どうして？

ピカッと光ってゴロゴロと地響きのように雷がなると、パニックに陥るイヌは多い。人間でも恐怖を感じるのだから、イヌはなおさらだろう。これと同じように打ち上げ花火のドドーンという音も嫌いらしく、花火が始まるとイヌ小屋の奥に入ってしまい出てこないイヌの話もよく聞く。

なぜイヌが破裂音や爆発音のようなものに弱いのかは科学的には解明されていないが、雷の音と光は人間にも恐怖感を与えるほどだから、聴覚が発達しているイヌにとってはもっと恐ろしいものに聞こえているのかもしれない。

一説によれば、イヌが雷という自然現象に弱いのは大自然の中で暮らしていた原始の頃の名残りだとされている。

また大きな音に必要以上に反応してパニックになるイヌは、病理学的にみると「音響恐怖症」という一種の病気にかかっている場合もあるそうで、これは遺伝的なものだという。

もちろん交配に注意すれば「音響恐怖症」のイヌは生まれてこないはずなのだが、最近のペットブームで人気の犬種は需要に追いつかず、必ずしも守られていないのが実情らしい。

飼い主にできることは雷がなっても悠然と構え、そんなものはまったく心配がないことをイヌに伝えることだ。間違ってもイヌと一緒に慌ててしまわないこと。主人が雷嫌いだとイヌも気持ちが落ち着かなくなって、恐怖心がさらに増幅してしまうからである。

## ハウスに手を入れると噛みつこうとするが？

ハウスとはイヌが寝床にしている場所のことで、いわゆるイヌ小屋のことである。室内で飼われている場合は柵などで囲われていることが多いようだ。

このハウスでカラダを丸めている愛犬をみると何ともかわいらしくて、思わずなでてみたくなるものだが、手を差し伸べた途端に「ウーッ」と唸られたり、機嫌が悪いとそのままガブリと噛まれたりすることがある。

飼い主にとってハウスは愛犬のねぐらぐらいにしか思っていないかもしれないが、実はイヌにとっては周囲を警戒しないで落ち着いてくつろげる、唯一の気ままな場所なのである。

だから不用意に手を入れると、それが飼い主であってもイヌは怒るのだ。その反面ソファーで寝そべっているときはリラックスしているように見えるが、それなりに周囲に気を配っているのだ。

こういうときは側に座って頭をなでてやってもイヤな顔をしないばかりか、警戒中の自分をかまってくれたことで喜んでシッポを振る。

ハウスで横になっているイヌの寝顔を見ていると、ハウスの中で初めて素顔に戻れるのではないかと思えてくる。

## 興奮するとオシッコするのは異常なの？

イヌは嗅覚にすぐれた動物だ。初対面同士でもよく知っている間柄でも、イヌたちはお互いのニオイを嗅ぎあって挨拶するし、雌イヌに発情期がきたことを雄イヌはその尿のニオイから嗅ぎわける。

発情期以外でも、イヌにとってオシッコは自分の存在を知らせる大切なものである。それによって、どんなイヌがいつ頃そこを訪れたか、そしてそれは雄イヌなのかあるいは雌イヌなのかなどを知ることができるのだ。

たとえば、雄イヌにとっては毎日の散歩は縄張りの見回りの意味もある。ほかのイヌのオシッコのニオイがついた電信柱にまた自分のオシッコをかけて、「ここはオレ様のテリトリーだぞ！」と誇示し、自分の縄張りを守ると同時に競争相手を追い払おうとしているのである。

興奮したイヌがオシッコをするのには、これと同じような意味がある。つまり、ケンカした相手や恐怖を感じた相手に対して、「こいつ、あっちへ行け！」という気持ちを表しているわけだ。オシッコだけでなく、ウンチや肛門腺から分泌物を漏らすこともある。また、特に興奮していないのにオシッコを漏らすなら、そのイヌは腎臓の病気などを患っている可能性がある。

たかがオシッコ、されどオシッコ。「なぜここで？」と思うようなところでイヌがオシッコしたら、その意味を考えてみたほうがよいだろう。

## 運動していないのに、ハアハア荒い息なのは？

遅刻しそうになって急いで駅の階段を駆け上がると、年配者ほどハアハアと息づかいが荒くなるものだ。これはカラダにもっと酸素が必要になったときに起きる生理的な現象だ。

ところがイヌは激しい運動もしていないのに、夏になるとハアハアと息が荒くなる。これは酸素が欠乏しているからなのだろうか。

実はイヌにとって息が荒くなるのは、高くなった体温を下げようとしているからなのだ。

人間は暑くなると汗をかくことでカラダの熱をすぐに冷却することができるが、イヌには汗を出そうにもそのための汗腺がない。そこでどうやって体温を下げるかというと、ハアハアと荒い息をすることで息が通過する気道部分を広げて体温を発散させやすくし、さらに舌をだらりと出して大量の唾液を分泌することで水分を蒸発させ、カラダを冷却させているのである。

イヌの皮膚に汗腺がないのは彼らの祖先がオオカミだったからだといわれている。進化の過程でオオカミからイヌに分かれるとき地球は寒冷期を迎えており、彼らは汗腺を発達させるよりどんなに寒くても獲物を追いかけるための厚い毛皮を必要としたというのである。

おそらく雪が降り積もった原野や、冷たい雨の降りそそぐ野山を縦横無尽に駆けめぐるために、毛皮は彼らの重要な防寒具になったはずである。

イヌは地球がこんなに温暖化するとは思っていなかったに違いない。

## モノを集めたがるのは、どうして？

メガネをかけようと思ったら、どこかに置き忘れたのか見あたらない。今さっきまでたしかにあった手袋もなくなっている。自分もいよいよボケてきたのかと思ったら、実は愛犬が持って行って隠していたということがある。

イヌは興味を持ったものをくわえて、どこか一カ所に集める習性があるのだ。これは昔、狩りをしていた頃の本能が働くらしい。彼らは獲物を捕まえるといそいそと自分の巣に持ち帰っていたのである。

今では人間に飼われエサも充分に与えられているから、何も不自由することのない生活を送っているのだが、それでも興味を引くものを見つけるとイヌにはそれが獲物に見えてしまうのかもしれない。

いろいろなところから集めてきたものをイヌは同じ場所に隠す習性もある。だから掃除のときにソファーを動かしたりすると、なくなったモノがまとめて出てきたりするのである。

イヌのコレクション癖は確信犯というより、ついついやってしまう出来心なのだ。

## 他のイヌとニオイを嗅ぎ合うのは、どんな意味がある？

初対面の人間同士が挨拶するときは相手の顔を見ながら「はじめまして」と言っておじぎをし、それから自己紹介が始まる。

あたり前のように見えるこの行為も動物学的にいえば、視覚と言葉を判断材料にしている人間社会だけのものなのだ。

では、人間より視覚が弱く言葉を持たないイヌの場合はどうしているのか。嗅覚が優れているから初対面の相手を知るためには互いにニオイを嗅ぎ合うのである。

愛犬を散歩に連れて行って見知らぬイヌと出会うと、まず挨拶がわりに互いにカラダのニオイを嗅ぎ合う。これがイヌ同士の「こんにちは」なのである。

しかし、お互いにニオイを嗅いでも興味がわかないと「フン」とばかりにすぐに歩き出す。その逆に少しでも関心を持つと、今度は相手のお尻のニオイを嗅ぎ始める。肛門には肛門腺という分泌腺があり、そこから出る分泌物がさまざまなニオイとなって発散されるため、これを嗅げば相手の個性や強さがわかるらしい。

このときシッポをあげてお尻のニオイを嫌がらずに相手に嗅がせるイヌは自分に自信がある強いイヌで、その反対にシッポを股の間に入れて肛門を隠したり、嗅がれることを嫌がったりするイヌは自信のない弱いイヌだといわれている。

それを知らない飼い主は愛犬が見知らぬイヌのお尻のニオイを嗅ぎ始めると、「なんて下品なヤツなんだ」と思って慌ててリードを引っ張ったりするが、イヌにとっては迷惑なだけなのである。

## いつも同じ散歩コースに行きたがるワケは?

イヌを飼おうとするときに一番悩むのが毎日の散歩のことではないだろうか。「誰が毎日やるのか」と家族でさんざん相談した挙げ句、イヌを飼うことを断念してしまったらもったいない話である。

イヌにはもちろん散歩は必要である。イヌの成長、あるいは健康維持のため、またストレス解消にもなる。

そこで多くの人は毎日決まった時間に決まったコースを散歩するわけだが、はたしてイヌはどう思っているのだろうか。

イヌは毎日同じ時間、同じコースという規則正しい生活が大好きらしい。毎日決まった時間に散歩をしているとイヌのほうもそろそろ散歩の時間だとわかってソワソワしたり、吠えたりして催促する。

また同じコースで飽きないのかと思いがちだが、イヌにとってはそのほうが安心するようだ。

同じ道筋で散歩すれば、そろそろ大きなイヌがいるところだと前もってわかるから吠えられても平気でいられるのである。

また、自分の行動範囲内でなじみのあるイヌのニオイを嗅げば、そのイヌが今日もここを散歩したとわかるし、初めて嗅ぐニオイなら、知らないイヌがきたということまで得意の鼻を使えばわかるのだ。

イヌにとっては毎日の散歩は楽しい時間だが、飼い主の体調が優れないときや悪天候のときは我慢することだってできる。イヌだって台風の中を歩くのは恐いものである。

## 何年も飼っているのに未だに噛まれるが？

「飼いイヌに手を噛まれる」というが、たしかに何年も飼っているにもかかわらず主人をガブッと噛むイヌがいる。

しかし、人を噛むというのは何があっても絶対にやらせてはいけない行為だ。それも毎日世話をしている飼い主のことを噛むとなると、つい怒鳴って怒ってしまう気持ちもわかる。

それどころか、手塩に掛けて育てた愛犬に噛まれたとあっては「いったい、なぜ？」と疑心暗鬼に陥るに違いない。

ところがイヌにも噛んでしまう理由があるのだ。思い当たる節はないだろうか。エサを食べているときに近づいたり、イヌ小屋などイヌのテリトリーにむやみに入ったとたんに噛まれたはずだ。

あるいは、イヌの機嫌が悪いときに無理になでようとしたり、必要以上に抱き続けたりかまったりしていると、イヌのほうもついに〝切れる〟ことがある。イヌだっていやなことをされると頭にくるのだ。

これらはいずれもイヌが自分のことをリーダーだと思い込んでいるため、こういったことをされると逆にストレスと感じて噛んでしまうのである。

まずは「飼い主がリーダーである」ことをきちんとしつけし直すのが先決だ。イヌは自分よりも強いリーダーにはけっして噛みついたりしないものである。

万が一噛まれたとしても、イヌは噛み方を心得ていて、飼い主の手をくいちぎるような強さで噛むことはないので、ご安心を。

## 子イヌが食器や家具をかじるのは仕方がない？

子イヌを飼って最初に経験するのがその無邪気さだろう。活発に庭や家の中を駆け回り、名前を呼べば嬉しそうな表情で飛んでくる。

ただひとつだけ困ってしまうのは何でもかじってしまうことだ。それも自分の食器のような固いモノならいいが、木製の家具となると大変。あっという間にボロボロにされてしまう。

「噛んじゃダメ」と叱りつければ一旦はやめるものの、またすぐに別のモノを噛み始めたりする。どうしたらこんなイタズラをやめさせられるのか、頭を悩ませている飼い主も多いに違いない。

子イヌが何でもかじりたがるのは歯がムズがゆいからなのだ。イヌの歯も人間同様に乳歯から永久歯に生え変わる。その時期がちょうど生後3カ月から6カ月にかけてのころなのである。

このころの子イヌの口の中は乳歯が抜けそうになったり、永久歯が生えてくるなどムズがゆい状態となっていて、何か噛まなくてはいられなくなってくるのだ

歯医者に行けないイヌには自然に備わったデンタル・ケアの方法があるようだ。

## あのかわいい仕草には、どんな意味がある?

飼いイヌの仕草の中でも特にかわいいのは、お腹を出してすぐに仰向けになって甘えてみせるところだろう。しばらくイヌに留守番をさせておいて家に帰ってくると玄関のところで興奮気味にじゃれついて、最後に仰向けになってお腹を出してなでてもらいたそうにすることがある。

この仕草は「私はご主人様に絶対的な服従をしています」というボディランゲージなのだ。だから飼い主はその姿をみて、情けないほどみっともない格好をするなあ、と思って無視してはいけない。

イヌがお腹を見せて甘えたら、それに応えて優しくなでてやるのが飼い主としての愛情表現なのである。

ところで、なぜイヌは仰向けになるのだろうか。実はこれは生まれたての子イヌがとる姿勢と同じなのである。子イヌは仰向けになることで母親にお腹を舐めてもらい、その刺激で排尿するのである。

つまり、イヌはお腹を見せることで「私は生まれたての子イヌのようにご主人様に甘えているんです」と言っているのである。何とも素直でかわいい動物ではないか。

## 来客の股間のニオイを嗅ぐのはなぜ？

初めてのお客様が家に遊びに来たのに、自慢の愛犬がいきなりよそ様の股間のニ

オイを嗅ぎ出して困った経験はないだろうか。それが女性だったらなおさらだ。飼い主の品位も疑われたのではないかと、暗い気持ちになってしまう。

しかし、イヌはいやらしい気持ちで股間のニオイを嗅いだわけではない。

股間のニオイを嗅ぐのはイヌ同士の挨拶なのだ。イヌは肛門付近に分泌腺があり、そこから出るニオイはイヌによって違う。イヌはそのニオイを嗅いで相手のことを識別しているのである。

このとき、堂々とニオイを嗅がせるイヌは自信のあるイヌ、反対にシッポを後ろ足の間にたくしこんでニオイを嗅がせないイヌは自信のない弱いイヌで、その態度からイヌ同士の順位も決まってしまう、とは前述したとおりだ。

こうした習性から相手が人間であってもイヌは同じことをしてしまうのだが、習性であるだけに叱っても無意味だし、簡単にやめさせることも難しい。相手もイヌを飼っている場合はその習性を説明すればわかってもらえるだろうが、そうとばかりは限らないから厄介だ。

お互いに気まずい思いをしなくてすむように、日頃からハウスに慣れさせるなどして、初めての来客のときにはそこに入れるようにするといいだろう。

# Part 2

## イヌの身体に大疑問！

# 「肉球」の思いもかけない役割って？

## イヌにも右利き、左利きがある?

「オテ」をするとき、左右どちらの前足をあげるイヌが多いだろうか。必ず、というわけではないが、右の前足をあげるイヌが多いはずだ。

たとえば、オモチャで遊んでいる様子をじっくり見ていると、右の前足でモノに触ったり転がしたりしていることのほうが多い。多くのイヌは、右の前足のほうが左よりも器用に動かせるし、力も強いようだ。実はイヌにも右利き、左利きがあり、人間と同じように右利きのほうが圧倒的に多い。

ほかにも、右利きのイヌが多いことを示す行動がある。

たとえば、リードを柱などにつなぐとグルグルと回るイヌはほとんどが右回りだ。投げたフリスビーなどを取ってこさせる運動をしているときも、右方向へカーブして追いかけるほうが、左方向へのカーブするよりも上手にできるイヌが多い。

散歩のときに道の角を曲がる場合も、右に曲がるときはきちんと曲がれるのに左に曲がるときは大回りするイヌがいる。つまり多くのイヌは、右方向への運動のほうが得意なのだ。

よそのイヌの行動も観察してみて、もしも左利きのイヌに出会ったら、かなり珍しいイヌと会えたのだと思ったほうがいい。

## イヌにも血液型があるの？

もちろん、イヌにも血液型はある。

といっても、人間のようにA型やB型といった厳密な分類があるわけではない。ただイヌの場合は輸血をしてみたら血液型が合わなかったために副作用が出て、嘔吐や下血、脱力感などの症状が出ることがある。そのために血液型の相性は「合う血液型」と「合わない血液型」の組み合わせがあると考えられるのだ。

ただし、血液型が合わないからといって、すぐに重態になったり死亡するようなことはない。人間や、人間と同じような血液型の違いがあるネコの場合は命に関わることもあるが、イヌの場合はそこまで深刻な事態にはならない。

知り合いのイヌが交通事故に遭って輸血が必要、といった緊急の場合には、とりあえず自分が飼っているイヌを連れて輸血に向かっても特に問題はない。

なお、イヌの血液型は人間ほど厳密な違いはないから、血液型で飼い主とイヌの相性を調べてもあまり信憑性はないようだ。

## イヌのセックスはなぜ長いのか?

イヌのセックスを実際に見る機会はまれだろうが、けっこう時間がかかるものである。

まず、お互いにその気になっているかどうかを確かめるためにニオイを嗅ぎ合ったりする。そうして互いに了解し合うと雌は交尾の邪魔にならないよう、シッポを片側に寄せて雄が自分のペニスをスムースに挿入できるようにするのだ。

長くかかるのはここからで、雄は射精を始めるが、まず始めの1分くらいは精子の含まれていない透明な液体を出す。次に精子が12億個も含まれているという精液を出すのだ。しかしそれだけでは終わらず、最後には精子が含まれていない前立腺液なるものをこれまた時間をかけて放出していくのである。

この前立腺液は精子を活性化するためのもので、これを作り出すために20～30分も挿入されたままの状態を保たなければならないのだ。しかし、これだけの長丁場なのでいつの間にかふとしたはずみに離れてしまいそうだが、実は離れたくても離れられないようになっている。

雄のペニスは雌の膣内に入るとどんどん膨らむ。それと同時に雌のほうは膣を強く収縮させるので、ペニスは膣にしっかりロックされた状態になるのだ。これを交尾結合というのだが、このときはお互いのお尻とお尻がつながった状態で逆の方向を向いたままじっとしている。

そうして雄がやっとのことで前立腺液を出し終わり、ペニスが小さくなれば自然と引き抜けるようになって交尾結合も終了というわけだ。

ところが最近は自然な交尾がうまくできないイヌもいるという。生後2週間足らずで母イヌから離されて人間に育てられたイヌたちは、兄弟で性行為の真似ごとをすることもなく育てられるので、どう交尾すればいいのかわからないらしい。

人間と同じように人工授精もするようになったイヌ社会。この先、少子化問題なんてことにはならないことを願っている。

## イヌのヒゲは何のためにある？

イヌの〝おしゃれ〟に欠かせないヒゲ。ピンとはねあがったり、やや下を向いたり、四方を向いていたりと、いろいろなヒゲがあってなかなか味があるものだ。

〝ヒゲは顔の一部〟とは人間だけではなく、イヌにも通用する言葉だ。ところでこのヒゲ、おしゃれなだけではなく、動物のカラダの一部として重要な役目を持っていて、イヌが生きていくうえで大切なものと思っている人も多いだろう。

ところが、それは大間違いだ。イヌのヒゲには本当は何の機能もない。ただ生えているだけなのだ。もちろん、おしゃれには大いに役立つかもしれないが、しかし動物として生きるために絶対に必要なものではない。

だから、ヒゲを切ってもイヌは何も困りはしない。うちのイヌにヒゲは似合わないな、と思ったら寝ているうちにカットしても支障はない。実際、ドッグショーに出場するためにヒゲを切られるイヌはたくさんいる。

センスに自信のある飼い主なら自分流にアレンジしてもいいかもしれない。イヌが気に入ってくれるかどうかはわからないが……。

## 「肉球」の思いもかけない役割って？

たまにはイヌと握手をしてみよう。指先に触れるぷよぷよとした感触に「おや？」と思う人もいるだろう。足の裏にある饅頭《まんじゅう》のようなぷっくりした盛り上がり。全身に毛が生えてるイヌもここだけは毛が生えていない。

まるで小さなクッションがくっついているかのようだが、このおかげでイヌは滑ることもなくヒタヒタと静かに歩くことができる。

しかしそれだけではない。学術的には「蹠球《しょきゅう》」や「肉球《にくきゅう》」とも呼ばれるこの部分には大切な役割がある。実はこの部分で、地面からミネラルなどの栄養分を吸収しているのだ。あのぷよぷよは健康維持のための器官のひとつなのである。

裸足で歩かせると足の裏が汚れるから困る、と思っている人も多いようだが、実は大地を踏みしめながらイヌたちは栄養吸収をしているというわけだ。

散歩をして足の裏が汚れても「たっぷり栄養を吸収しているんだな」と思って、

大目に見てあげたいものだ。間違っても靴や靴下だけは履かせないように。

## 🐾擬似妊娠はなぜ起こるのか？

かわいがっている雌イヌが交配もさせていないのに発情期のあとで食欲がなくなり、急にお腹が膨らんできたら飼い主は慌ててしまうだろう。知らぬ間にどこかの雄イヌと交尾して妊娠したのではないかと疑っても仕方がないところだ。

人間なら「お嬢さんと一緒にさせてください」と相手の男性が名乗り出て、できちゃった結婚になるというケースもあるが、イヌとなるとそうもいかない。

そもそも相手の雄がどこにいるのかわからないから「うちの娘になんてことをしてくれたんだ」と、飼い主に怒鳴り込みに行くこともできないだろう。

こういうときは慌てないで、まず擬似妊娠の可能性を考えてみることが必要だ。1年中発情していていつでもOKの人間とは違い、雌イヌの発情期は年に2回しかやってこない。

半年ごとの限られた期間に妊娠しなければならないから、発情期を迎えた雌イヌは交尾をしなくとも性ホルモンが活発に出るのである。この性ホルモンが脳に刺激を与えてしまうと、「自分は妊娠している」と思い込んでしまうのだ。

擬似妊娠になるとイヌによってはお腹が膨らんでくるだけでなく、乳房も大きくなって母乳まで出る場合もあり、すっかり妊婦気分となる。生まれてくる子イヌのために巣作りを始める雌イヌまでいるという。

妊娠したのかなと思ったら体重計に乗せてみるのがいいかもしれない。このとき体重が増えていなければ、それは擬似妊娠の可能性が高い。

赤ちゃんが欲しいと熱望する女性に想像妊娠という症状が出ることがあるが、イヌの場合も同じことが起きるようだ。

## イヌは近視になるの？

イヌのすぐ近くに置いてあるボールを飼い主が「持ってこい」と言ったとしよう。しかし、飼い主の元へボールを届けないイヌがいてもおかしくない。これはイヌが命令を無視したのではなくて、イヌにはそのボールが見えていないのだ。このようにイヌはもともと近視ぎみの動物なのである。

イヌの目は焦点を合わせる機能が人間に比べて劣っているうえ、水晶体の厚みが人間の2倍近くあるため、近くのものより遠くのものに焦点を合わせることのほうが得意なのだ。

もともと夜明けや夕方など色彩がはっきりしない時間帯に活動していたため、色彩を識別する機能も低い。その代わり、イヌの目にはネコとおなじように輝膜《きまく》と呼ばれる光を反射する層があって、薄暗い中でもモノを見分けることには長《た》けている。

動くものを見分ける能力にも優れ、動いてさえいれば1キロほど離れていても見えることがある。イヌの先祖たちは群れを作って、ちょこちょこと逃げ回るリスやウサギなどの獲物を捕らえて生活していたので、動くものに対しては敏感になったのだ。

イヌがフリスビーやボールなど、動くものを使った遊びが好きなのもうなづける。狩りに有利なように左右の視野もとても広く、狆《ちん》やペキニーズなど目の飛び出ている犬種では250度ぐらい、テリアなど目がくぼんでいる犬種でも200度ぐらいは見えている。人間の視野が180度なのに比べるとかなり広いのだ。

そんなイヌの目の特性を考えて遊ぶと、イヌも人間もさらに楽しくなるはずだ。

## イヌにもアトピーやアレルギーがある？

花粉症をはじめとして、最近はアトピーやアレルギーで悩む人が多い。食事や動植物、ほこりや化学物質など、世の中が進歩し複雑になるにつれてその原因になるものも増えていて、完全になくなることはないと言われている。

親が食生活で不摂生していたことが子どものカラダにアトピーやアレルギーとして現れることもある。また、昨日まで何ともなかった人が、ある日突然花粉症にかかることもあるから本当に厄介だ。

ところで、このアトピーやアレルギーはイヌにもある。

症状は人間と同じだ。わかりやすいのは湿疹と痒みで、皮膚に赤いブツブツが出て痒がるようなら、疑ったほうがいいだろう。人間では放置しておくとそれが全身に広がって、ときには命に関わる状態にもなりかねないが、イヌの場合もやはり早めに治療をしなければ深刻な事態になることがある。1、2日様子を見て湿疹が引かないようなら、病院できちんとした検査を受けたほうがいい。

重症になると全身に広がった湿疹が外耳炎や結膜炎を引き起こしたり、消化管や気管にまで広がって嘔吐や下痢を起こしたり、呼吸困難になることもある。もちろんそれが原因で死ぬこともある。

そうならないように、人間と同じ様に病院でアレルゲンを特定し、それに合った治療を受けたほうがいい。軽いものであれば、抗ヒスタミン剤やステロイド剤で症状を抑えることもできる。

もちろん、アレルゲンとなるものがふだんの食べ物の中にあったり、あるいはイヌの生活圏の中にあるもの、たとえばダニやホコリなどであればそれを完全に取り除く必要がある。これも人間同様だ。

人間にとってもイヌにとっても住みづらい世の中だ。アトピーやアレルギーの苦しみを乗り越える苦労を良きパートナーと分かち合いたいものだ。

## 人間と同じように生理はあるの？

もちろん、ある。哺乳類である以上、イヌにも生理がある。

ほとんどの雌イヌの生理は1年のうちに2回あり約2~3週間続くが、その間は発情期間でもある。すると、その3週間の間によそのイヌが襲ってきて交尾したらたいへんだ、と不安になる飼い主もいるだろう。

しかし、その心配は無用だ。生理期間つまり発情時期は約3週間あるが、実際に交尾を受け入れるのは、そのうちの1週間だけ。しかも、雌が自分の意思で立った姿勢になり、しっぽを横にずらさなければ交尾はできないのだ。

しかも、発情しているから誰でもいいというわけではない。そのイヌなりの選択があり、もし好みではない相手に迫られてもはっきり拒絶の意思を示すのだ。

たとえば散歩に連れ出したときに雄イヌが寄ってきても飼い主に守られたり、さらにイヌ自身も拒否すれば不本意な交尾をすることはほとんどないのだ。

箱入り娘は箱入り娘のままで純潔が守られるはず……だ。

## イヌはいつ発情するの?

春になるとネコは恋の季節に入るらしい。俳句の季語にもネコの発情期は使われているというが、それではイヌの場合はどうなのか。

娘のようにかわいがっている雌イヌを観察していると、なるほど春先は恋愛シーズンなのか、どことなくそわそわしてきて落ち着きがなくなる。だが、本当のところは発情期がいつなのかその季節はわかってはいない。現在、有力な説とされているのが冬と夏である。

ただ人間に飼われるようになってすっかりイヌの生活ペースが変わってしまったため、最近では季節に関係なく発情期が訪れているという。

ところでこの発情期があるのは雌イヌだけ。生後5カ月から1年半ぐらいすると発情するようになるが、発情期を迎えるのは年に2回、それも2〜3週間ぐらいしかなく、それが周期的に訪れているのである。

それに比べて雄イヌは1年中交尾できる体勢にあり、雌イヌが発情して性誘因物質であるフェロモンを発散し始めると、いても立ってもいられなくなるという。

イヌの世界では恋の季節のリーダーシップは女性が握っているのである。

## ダックスフントはなぜ胴長で短足なのか？

ダックスフントは、イヌの中でも最も胴長短足である。なぜそうなったかは、名前の意味を知ればある程度想像がつく。

ドイツ語で「ダックス」は「アナ熊」のこと、「フント」は英語の「ハウンド」と同じ意味で猟犬のことである。つまり、ダックスフントはもともとアナ熊の狩猟をするイヌとして活躍していたということがわかる。

アナ熊はその名のとおり地面に穴を掘って住み、小動物などをエサとしている動物だが農作物なども荒らすために狩猟の対象となった。アナ熊の巣穴は狭く細長いことから、穴の中に入って攻撃するイヌは特殊な体型でなければならなかったのだ。

もともとダックスフントの祖先は胴長短足だったが、狩りの目的に合うような個体同士を繁殖させていくことによって現在のような体型が作り上げられていったのである。今では愛玩犬としてかなりの人気があるダックスフントだが、ときおり見せる気性の激しさに猟犬としての名残りを感じることができる。

愛らしい外見だけに惹かれると後で痛い目に遭うこともあるのは、女性とのつき合いに似ているところがあるかもしれない。

## ブルドッグが奇怪な顔をしているワケは?

ブルドッグは、「ブル・ベイティング」のために改良された犬種である。

「ブル・ベイティング」とは何かというと、13世紀から19世紀前半までイギリスで行われていた雄牛(ブル)とイヌとが闘う競技のことだ。当時はイギリスのほとんどの町や村などに闘技場が造られており、人々がこの牛とイヌとの戦いに賭けをして熱狂していたらしい。

この「ブル・ベイティング」では杭につながれた雄牛を数頭のイヌが攻める。イヌはまず雄牛の鼻先にしっかり食らいつくチャンスを伺い、1頭が成功するとほかのイヌが体中に噛みついて弱るまで待つのだ。もちろん雄牛も姿勢を低くしてあらん限りの抵抗を試みるが、はじめから勝ち目はないのも同じだ。

ブルドックの風貌は、実はそのすべてがこの「ブル・ベイティング」に最適なのである。顔がしわだらけなのは雄牛の流した血が目や鼻に入って苦しくならないように、上を向いている鼻は噛みつきやすく呼吸が苦しくないように、頭が大きく前半身がより重いのは雄牛に振り回されてもくわえた口を決して離さないように、と改良されたものなのだ。

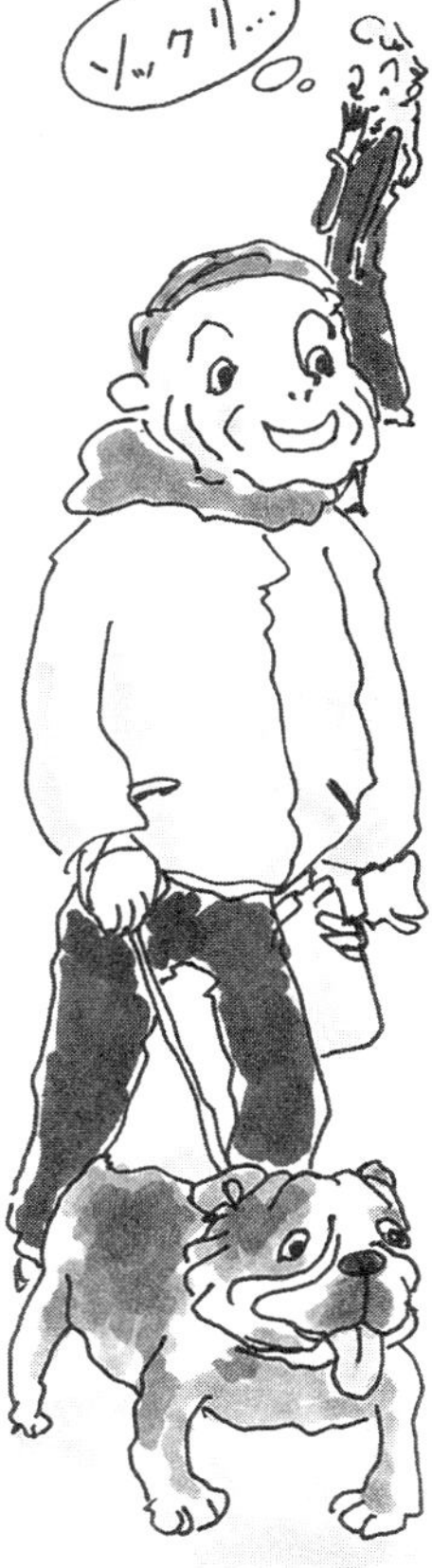

「ブル・ベイティング」の禁止後、ブルドッグはさらに改良され、今では温和なやさしい性格のイヌとなったが、自分たちの欲望のためにイヌの姿形を変えてしまうとは、つくづく人間とは残酷な動物だと考えさせられる話である。

## イヌの鼻がいつも濡れているのはなぜ？

イヌにとって鼻はとても大切な器官だ。イヌの嗅覚は人間の100万倍も優れているといわれており、イヌはニオイを嗅ぐことでさまざまな情報を集めている。たとえば散歩のときにはどこのどういうイヌが最近同じ道を通ったかとか、目の前にあるエサは腐っていないかといったことをニオイを嗅ぐことで理解するのだ。

その大切な役割をする鼻は、たいていの場合はしっとり濡れてツヤツヤとした状態にある。イヌの鼻の皮膚は水分を通しやすくなっており、鼻内部の水分が表面に現れているうえ、イヌ自身も自分で鼻をなめて湿らせているからだ。

そんなふうに鼻を湿らせておくのは、ニオイを嗅ぎやすいようにするためだという。人間が風向きを知りたいときに人差し指の先をなめて空中にかざしてみるのと同じで、湿っていたほうが乾燥しているよりも感覚がハッキリするのである。

そんなイヌの鼻だが、濡れていないときもある。部屋が乾燥しているときや、就寝中や寝起きなど鼻をなめていないときは乾いていることが多い。しかし、それ以外のときにイヌの鼻が乾いていたら病気の可能性も考えなくてはならないだろう。自らの熱で鼻が乾燥しているのかもしれないからだ。

イヌは少しくらいの痛みなら我慢してしまう動物。飼い主は、健康のバロメーターである鼻の様子に気を配りたいものである。

## どうしてナマの魚を食べないの？

「ウチのイヌは美食家だから肉の味付けにはうるさいの」と自慢げに話す飼い主がたまにいる。夢を壊すようで申し訳ないが、イヌは味覚を感じる細胞が未発達なのだ。それでもイヌの味覚には一応人間と同じように〝甘い〟と〝すっぱい〟、それに〝苦い〟と〝しょっぱい〟の4つがあることがわかっている。

そうはいっても味覚を感じる細胞が未発達の分、イヌにとって〝味わう〟楽しみは味覚というより、どちらかといえば嗅覚の方なのだ。

たとえばナマの魚がそうだ。同じ魚でもネコと違ってナマの魚が好きなイヌは珍しい。これは魚が嫌いなのではなく、そのニオイが嫌いなためである。だから同じ魚でも焼いたり煮たりしてやれば喜んで食べるはずである。ではどんなニオイの食べ物が好きなのか。野生動物だったころに覚えた味が忘れられないのか、ある実験では腐りかけた生肉に一番人気があったという。

専門家によればイヌに肉を与えるとすぐに食べずに、ときどき穴を掘ってそこに埋めてしまうのは、しばらくそこで肉を腐らせているのではないかとも考えられている。〝味覚オンチ〟のイヌのグルメと人間のグルメとでは、同じグルメでも天と地ほどの差があるようである。

## なぜ尻もちをつくのか?

野原で思い切り愛犬を遊ばせていると、バッタを捕まえようとしたイヌが何かの拍子でバランスを崩して尻もちをつくことがある。

なぜそんなことが起きるのだろうか。実はネコと比べてみると、イヌは平衡感覚をつかさどる内耳にある三半規管の発達が劣っているのだ。このため思い切り跳ね回ると、ときどきバランスを崩して尻もちをついてしまうのである。

ネコ科の動物は地面の上よりも、どちらかというと高いところに登って休むことが多い。これは平衡感覚に優れたカラダを持っているためで、ネコは高いところから逆さまに落ちてもヒラリと体勢を立て直して地面に着地することができる。

ところがイヌ科の動物となると地面で生活するため、走れば速いかもしれないが平衡感覚はネコほど発達していないのである。

つまり、イヌは高いところが大の苦手なのだ。もしイヌをおとなしくさせようと思ったら机の上に乗せればいい。今まで騒いでいたイヌが不思議なほどおとなしくなるに違いない。

## 何日ぐらい食べないでも生きていける？

ネコは与えられたエサを少しずつ食べるが、イヌは一気に食べる。足りないのかと思って追加してやれば、それもすぐにたいらげてしまう。

イヌはどちらかというと味に鈍感なためもあって、味わうこともなく早食いしてしまうらしい。

しかも、体調がいい場合は与えれば与えるだけ食べてしまうのだ。飼い主がおやつを食べていると食べたそうにするのでつい与えてしまい、それが習慣となってついにはイヌが肥満になってしまったなどという話はよくあることだ。

そんなイヌのことだから、1日でも食事を抜いたら生きていけないように思えるが、そうではない。実は、彼らは十数日間食事をしなくても元気に活動することができるといわれている。

イヌの祖先たちは群れを作って、チームプレーで自分たちよりも大きな獲物をしとめるなどして暮らしていた。しかし、野生の肉食動物の多くがそうであるように、毎日獲物が現れるわけではないし毎回狩りが成功するわけでもなかった。

そんな状況の中で空腹に耐えられなければ、その先には死が待っている。そして空腹に耐える強い個体のみが残っていき、現在のイヌもその遺伝子を受け継いでいるのだろう。

もっとも、飼い主が目の前でおいしそうに食べているような状態では十数日間も我慢できないだろうが……。

## イヌもガンにかかるの？

ガンにかかる動物は多いが、イヌもかかる。特にイヌの高齢化が進む昨今、ガンにかかるイヌも増加している。人間同様、イヌのガンもかなり深刻な病気である。早めに発見して、適切な治療を受けさせてほしい。

ところで、イヌがガンにかかりやすい年齢は5、6歳（人間なら32歳から36歳）。この年齢に達したら、注意したほうがいいだろう。

イヌで多いのは乳ガンだ。イヌの乳腺は、乳首に沿って胸からお尻のほうまで伸びている。

このあたりを指先でなぞるように触っていき、しこりがあれば乳ガンの疑いがある。人間と同じで触診でもわかるのだ。

イヌの乳ガンはほとんどが良性だから転移はしないが、やはり早めに治療を受けたほうがいい。また、発情期の出血が長引いた場合も要注意だ。

雄の場合は、睾丸を触ってみて左右の大きさが異なっていたらガンの疑いがある。ふつうよりも大きく肥大している場合も危険だ。一度診察を受けたほうがいい。肛門周辺が腫れている場合も同じである。

そのほか、リンパ節がふくらんでいたらガンを疑ってもいいかもしれない。リンパ節はアゴや脇の下、ひざの裏側などにある。やはり指先で丁寧に触ってみて確かめよう。

カラダのどの部分でも、やはり触ってしこりがあれば、ガンの可能性がある。心配であれば、検査を受けさせたほうがいいだろう。

また長引く血尿や血便、鼻づまりや鼻血がガンのサインのこともある。ことさら苦しそうに息をしたり、呼吸しながら咳き込むようなことが多くなった場合も、やはり疑ってみたほうがいいだろう。

人間にとってもそうだが、イヌにとってもガンはつらい病気だ。愛するイヌが苦しんでいる姿などはできれば見たくないものだ。早期発見を心がけ、容態が悪化する前に治療を受けさせたい。

## イヌの寿命はどれくらい？

食生活が向上し、さらに医学が発達したおかげで人間は年々平均寿命を伸ばしている。これは人間だけではない。イヌも同じことだ。

栄養学的に優れたペットフードを規則正しく食べ、具合が悪いと病院で診察を受ける。獣医学の発達のおかげで、かつてはイヌの死因として多かった寄生虫病や伝染病も今は大部分が予防できる。こうなると、寿命が伸びるのも当然だろう。

イヌの平均寿命は20年前に比べて約2倍になったといわれる。最近は10年どころ

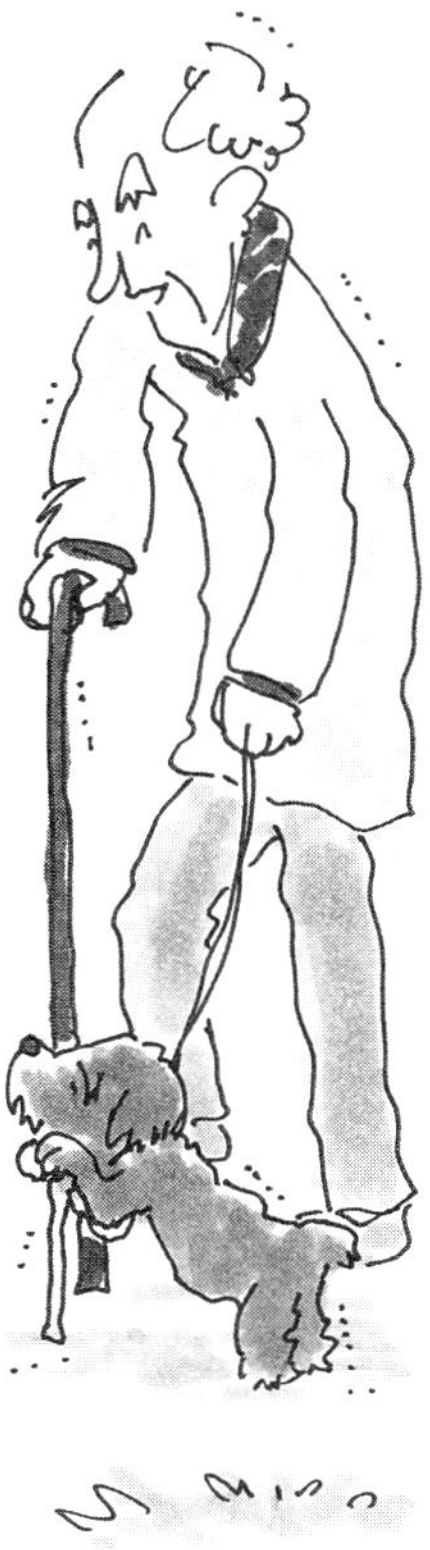

か17〜18年生きるイヌも珍しくない。イヌの年齢を人間に換算すると、3歳までが28歳で、その後は1年ごとに4歳を足していく。だから17歳のイヌは人間でいえば84歳ということになる。高齢化社会を迎えているのは人間だけではないのだ。

また高齢者(のイヌ)が抱える問題も、実は人間と似ている。

たとえば、ガンや内臓疾患、関節障害など、加齢による病気が増えているのだ。長年の美食や運動不足による〝成人病〟も深刻で、定期健診による早期発見の必要が叫ばれ、食事療法や運動療法に取り組むイヌもいる。

動物病院の待合室がイヌのお年寄りでいっぱいになるという笑い話のような光景が、実は本当に起こり得るのだ。

当然ボケの問題も、人間同様、イヌの間で深刻になっている。

イヌのボケの症状は人間とよく似ている。家の中や野外をフラフラと歩き回る、理由もないのに吠え続ける、ただ歩いているだけなのに障害物を避けることができずにぶつかってしまう、きちんとトイレができなくなり排泄物を垂れ流す、などだ。

場合によってはケガや病気につながることもあるし、放っておいては周囲に迷惑がかかることもある。何よりも、家族同様に愛してきたイヌがそんな姿になったのを見るのは、やはり飼い主としてつらいものがある。

年老いてボケが始まったら、今まで以上に面倒をみてあげたいものだ。

## 断尾や断耳は何のためにするの？

文字通り、断尾《だんび》は長い尾を切って短くすることで、断耳《だんじ》は耳を切ってピンと立った耳にすることである。

断尾は麻酔なしで行い、断耳は全身麻酔で行われるが、麻酔が覚めた後には激しい痛みに襲われるらしい。どちらにしてもイヌにとっては〝耳の痛い話〟である。

そんなことは聞いたこともないという人もいるかもしれないが、断尾や断耳は生後間もないうちに行われるので生まれたときからその姿だと思っているだけなのだ。

断尾をする種類としてはウェルシュコーギー・ペンブロークやフォックス・テリア、シュナウザー、ボクサー、ドーベルマンなどがあり、断耳をするものにはボクサーやドーベルマン、グレートデン、シュナウザーなどがある。

では、なぜ断尾や断耳をするようになったかといえば、それにはいくつかの説がある。

たとえば、ウェルシュコーギーやテリアなど牛や羊を追う牧畜犬や牧羊犬、猟犬では尾を踏まれないようにとか、やぶの中に入ったときにケガをしないようにするためなどといわれている。また、中世イギリスでは尾の長いイヌに税金がかけられていたので、税金逃れのために切ったのが始まりという話もある。

しかし、現在では断尾・断耳はもっぱらその犬種のスタンダードと思われている姿形を保つために行われているようだ。動物愛護運動が盛んなヨーロッパでは、北欧を中心に断尾・断耳を禁止する法律が採用されている。

わが身に置き換えて考えてみると、生まれてすぐにどこかを切られるなんてゾッとするばかりである。

## イヌのツメは伸びるの？

ネイルアートをほどこした最近の若い女性のツメはなかなかカラフルで美しい。スキンケアと同じぐらいツメのケアも大切なオシャレの要素に違いない。

飼いイヌでも人間同様に注意したいのがツメである。イヌのツメは実は伸びているのだ。散歩に毎日のように連れて行けばコンクリートや固い地面でこすれてツメは削られているが、散歩にあまり出ない室内犬はそのままツメが伸びてしまう。

しかも内側に伸びる性質があるので、ひどい場合は足の肉球にツメが突き刺さってしまい、歩くと痛みを伴うケースもあるのだ。

ところで、イヌは人間と違いツメの中心まで神経が伸びている。われわれがツメを切るときはあまり気にしないで爪切りでパチンパチンと切るが、イヌの場合は注意深く切らなければならない。

うっかり深く切りすぎてしまうと神経に触れてしまい、出血することもある。室内犬ならこまめに散歩に連れて行くか、月に一度ツメの先を数ミリ程度切ってやることが必要だろう。ネイルアートのツメよりデリケートなのがイヌのツメなのである。

## イヌにもストレスがあるの？

会社や学校に毎日行かなくてもいい愛犬を見ると、うらやましい気持ちになってくるものだ。1日でいいから「自分と代わってくれないかなあ」と思う飼い主は少なくないだろう。

人間から見れば、好きなだけ眠って毎日きちんとエサをもらえる飼いイヌは「悩み事もなくて気楽でいいな」と思えてしまう。ところが、人間同様イヌもストレスを感じているのをご存知だろうか。

イヌのストレスの原因はほとんどが運動不足や飼い主の愛情不足によるもので、瞳孔が拡大したり、むやみにカラダを引っかくなど普段とは違う兆候を見せる。また、過剰に甘えてくることもある。

ストレスが続き慢性化すると、同じところをぐるぐる回ったり、叱っても穴掘りを止めない、また前足など同じところをいつまでも舐め続けるといった、同じ行為を何度も繰り返す行動をとるようになる。

こうした症状が表れたら、まずイヌに病気やケガがないか確かめたうえで日頃のイヌに対する接し方を見直してみよう。

十分運動させてあげているか、イヌとコミュニケーションをとっているか――。食事さえ与えていれば気ままに暮らしてくれる、というのは人間の勝手な思い違いなのである。

## イヌも歯磨きしたほうがいいの？

白くて鋭いイヌの歯。どんな硬いものでも食いちぎりそうな歯は、イヌの大きな特徴だ。もしもそんなイヌの歯に虫歯があったら……ちょっとカッコ悪いどころではない。イヌにとっては文字どおり死活問題である。

イヌも歯の病気になる。人間と同じように歯石がたまるし、歯周病にもなる。それに気づかずに放置しておくと歯が抜け落ちてしまう。そうなると食べることが満足にできなくなり、痩せて栄養不足になるだけでなく精神的にもストレスが溜まる。そうならないためにも、ぜひ子イヌのうちから歯磨きの習慣をつけたい。

もともとイヌは口の中に異物が入ることをいやがる。だから最初はあせらず、うまくいけばご褒美をあげるなどして歯ブラシを口に入れることに慣らしていく。泡立つと怖がるので、歯磨き粉は必ず泡が立たないイヌ用のものを用いよう。

本格的にイヌ用の歯ブラシを使って歯磨きを始めるのは、永久歯が生えそろう生後4カ月ころからだ。どうしても歯ブラシに慣れないイヌの場合は、指先にガーゼを巻いて歯をこするといい。

イヌの歯磨きは歯石を取ることと歯周病を防ぐことが目的で、それを考えて1本ずつ丁寧に磨くことが肝心だ。毎日やるのはたいへんだが、それでも週に最低2回はきちんと磨いてあげよう。

また歯の健康のために1カ月に1、2回は本物の骨を与えて、十分に噛ませるといい。薬用の歯石予防ガムなども発売されているが、それでもいいだろう。

健康で白い歯が魅力的なのは、イヌも人間も同じなのだ。

## イヌも便秘で苦しむことがあるの？

便秘の苦しみは経験した人でなければわからない。その苦しみをイヌも味わうことがある。実は、イヌも便秘になるのだ。人間なら薬を飲んだり食べるものを選んだりして、なんとか自分で改善できるが、イヌの場合はそうはいかない。せいぜいお腹の苦しみを切ない鳴き声で訴えることぐらいだ。

うちのイヌ、どうも最近便秘ぎみだなと思ったら、飼い主がいろいろと気を使い、なんとか便秘を解消してあげなれければならない。

イヌの便秘の原因で多いのは、やはり食事だ。消化の悪い食べ物ばかりを食べさせていると便秘になる。毛や異物が腸に溜まったり、繊維質が少ない食事ばかりさせていると便秘になるが、水を飲む量が少なくても便秘になることがあるのだ。

なかには、骨付き肉を与え、大量の骨がお腹に入って便を固めてしまうという場合もある。何が原因かを思い返してみて、食事内容を改善するようにしたい。

ところで、人間同様に運動不足も原因になる。散歩をさぼっていないか、あるいは歩く距離が短くはないか思い返してみよう。便秘がちのイヌには十分な散歩をさ

せてあげたほうがいいのだ。

さらに生活環境や習慣の変化も便秘を誘発する要因になる。たとえば食事や散歩の時間が変わったり、飼い主の都合で引っ越した場合に便秘になるイヌもいる。こんなときはできるだけ規則正しい生活を送れるように生活のリズムを整えるようにしたいが、近所で始まった工事の騒音がもとで体調を壊す場合もある。

そのほかに、巨大結腸症や椎間板《ついかんばん》ヘルニア、オスの場合は前立腺肥大といった病気が原因のこともあるので、あまり長く続くようなら診察を受けさせたほうがいいだろう。

目安としては、2、3日までなら心配はない。ただし、それ以上症状が続くようなら深刻な事態もありえることを覚えておきたい。

お通じは人間同様、毎日定期的にあったほうがいいのだ。

## イヌも鬱病になるってホント？

家中を元気に走り回りヒマさえあれば寝ている愛犬をみていると、イヌとは苦労知らずのノーテンキな動物だと思ってしまう。

そう言われてみればペットとして飼われているイヌは1日中ゴロゴロしているのが仕事で、悩みなどとは一生無縁に思える。

ところがイヌも鬱《うつ》病にかかることがある。もちろんイヌは喋ることができないから、それは症状でしかわからない。

あるケースでは、突然下痢をするようになり、食欲が落ちたので散歩に連れて行こうとしたら、じっとしたまま動かずに元気がなくなってしまったという。

心配になって何かの病気かと思って調べてみたがどこにも悪い所がない。結局、獣医の診断は鬱病や心身症としか原因が考えられないということだった。実はこのイヌは、いつも可愛がってくれていたご主人が急に海外出張となってしまい、寂しさのあまり鬱病になってしまったらしい。

その後ご主人の帰国とともにイヌも元気を取り戻したというから、診断が正しかったことがわかった。

それにしても、イヌには心配事がないようにみえても、本当は人間以上に思い悩んでいるのかもしれない。

## なぜダニやノミが寄生するの？

ノミやダニに寄生されると、イヌは腰のあたりを噛んだり、耳をかきむしったりして皮膚に炎症を起こしてしまう。イヌやネコに寄生するノミの多くはネコノミ、ダニはマダニが一般的だ。ネコノミは本来ネコに寄生するノミだが、イヌや人間にも寄生する。

高温多湿の時期に繁殖しやすいノミやダニには、日本の梅雨どきは絶好の気候だ。そのうえ最近は気密性の高い家が増えて冬でも室内は高温になるうえ、結露から湿気が出るために年中繁殖可能の状態になっている。

その繁殖だが、卵から幼虫へと成長し、さなぎ、成虫というサイクルになっている。その成虫が交尾するのが寄生相手であるイヌの皮膚の上で、ノミやダニは交尾し、卵を産むために寄生相手の皮膚から吸血するのである。ノミやダニにとって寄生することは種を保存するうえで不可欠の行動といえるのだ。

ちなみに、吸血するときに出す唾液がかゆみの原因となる。最も早いサイクルでは卵は1カ月程度で成虫になることもあり、ノミやダニに愛犬が寄生されていることに気づかないとあっという間に増えてしまい、炎症がひどくなってしまうので注意が必要だ。

産み落とされた卵はイヌのカラダから落ちてカーペットなどに入り込んだりもする。イヌのカラダについたノミやダニの駆除はもちろん、室内や犬舎などは常に清潔にしておきたいものだ。

イヌにとって飼い主がきれい好きかそうでないかは、運命の分かれ道といえそうである。

## 何のために骨をしゃぶるの？

骨付きカルビを骨までしゃぶってしまう人がいるが、骨好きといえばイヌも同じ。おそらく祖先がオオカミだったことに関係しているのだろう。骨をしゃぶりながら当時のことを思い出し、至福のひとときに浸っているのかもしれない。

それに骨をしゃぶることにはもっと別な効果もありそうなのだ。骨に含まれているカルシウムやリンはイヌのカラダの働きを活発にする栄養素なのである。

もちろん今のイヌたちは栄養バランスのとれたドッグフードが主食となっているので、別に骨をしゃぶらなくとも健康的なのは言うまでもない。

それよりも気をつけたいのはイヌが骨好きだと思って、むやみに骨を与えてしまうことだ。特に鳥の骨は噛むとタテに鋭く裂けるため、飲み込んでしまうと口の中や胃腸を傷つけることにもなりかねない。

また魚の骨も要注意だ。鯛などの硬い骨は歯肉に刺さってしまい痛くて暴れ回ることもある。イヌにとっては、たかが骨とは言えないのである。

## 雌イヌはいくつ乳房を持っているの?

横たわる母イヌのお腹にぴったりと顔を押し付けて、おっぱいを飲むかわいい子イヌの姿。そんな写真や映像を見たことがある人もいるだろう。

思い出してほしい。そのとき、子イヌは1匹ではなかったはずだ。少なくとも3〜4匹、多ければ5〜6匹はいたのではないだろうか。

ネコの場合も、1回の出産で平均して2〜5匹の子ネコを産むという。これに対して、人間の場合では双子や三つ子ということもあるにはあるが、一般的には胎児数は1人であることが多い。

乳房の数はイヌが平均5対、ネコが4対、人間は1対である。つまり、出産する子どもの数と乳房の数には相関関係があるといえるのだ。雌イヌは自分の産む子どもたちに万遍なく母乳を与えてやることができるよう、たくさんの乳房を持っているわけである。

人間にも、本来の乳房のほかに「副乳《ふくにゅう》」を持っている人がいる。これは脇の下からおへそのそばを通って太ももまで至る乳腺のうち、通常は胎児のうちに退縮するはずだったものだが、なくならずに残ってしまったらしい。

子どもに母乳を与えるのは、人間もイヌもはたから見ているよりも時間も労力もかかる大変な仕事だ。母イヌには敬意を表さずにはいられない。

## 立っている耳と垂れ耳との違いは？

何か物音がすると、「おや？」と言うように耳をピクリと動かす。イヌのそんな仕草はかわいらしいもので、耳にはイヌ独特の〝表情〟が見られる。

イヌの耳には、頭にペタッとくっついている垂れ耳と、ピンと鋭く立っている耳がある。この違いは、純粋にイヌの種類によるものだ。

注意したいのは、垂れ耳のほうが立っている耳よりも耳の病気にかかりやすい点だ。垂れていると、耳の穴がいつもふさがれている状態なので、体温や分泌物が中にこもりがちで不潔になりやすい。

こんなときは細菌や寄生虫が繁殖しないように、垂れ耳のイヌは特にこまめに耳の手入れをしてあげたほうがいい。耳をまっすぐに立てて、耳垢が溜まっていないかチェックする習慣を身につけよう。

手入れの基本は、脱脂綿や綿棒、ガーゼなどで耳垢や汚れをきれいに拭きとってあげることだ。なかなかきれいにならない場合は、拭く前にコールドクリームやオリーブ油、サラダ油を塗るといい。

長毛種だと耳の中にも毛が密生しているので、とりわけ不潔になりがちだ。あまりにも汚れたり、汚れがかたまりになった場合には毛といっしょに切ってかたまりを取る。また、ふだんからこまめに毛を抜いてあげて清潔を保つようにしたい。

イヌの耳は、人間の耳以上にこまかいケアが必要なのだ。

## 牛乳を飲ませると下痢をする理由は？

すべてのイヌが、下痢をするわけではない。しかし牛乳を飲ませると下痢をするイヌはたしかに多い。

これは、牛乳に対するアレルギーが原因だ。根本的に体質の問題なので、慣れるまで飲ませようとしないで同じ栄養を含むほかの食品を食べさせるようにしたほうがいい。

イヌの下痢の原因には、ほかに寄生虫や原虫、細菌などがお腹の中にいる場合、あるいはジステンバーなどウイルス性の病気にかかっている場合もある。長く続くようであれば、便の中に血液や粘液が含まれていないか、いつもと比べてニオイや色はどう違うかなどを確認したうえで診察を受けさせるべきである。

また、病気でなくても、食べすぎによる消化不良で下痢をすることがある。こういう場合は、試しに食事を何度か与えないようにする。もしかなりの重態であれば、たとえ空腹であっても食事を欲しがらない。

反対に何ともないのであれば、1食か2食抜かれただけで食事のおねだりをしてくるだろう。

イヌの食欲を利用しての健康診断だが、精度は高いはずだ。

## ときどき吐くのはカラダに異常がある?

吐くという行為は、カラダの中にある異物をカラダの外に出して正常な状態を取り戻すためのものだ。人間もそうだが、必ずしも何か異常があるとは限らない。

たとえば、食べ物以外のものを飲み込んだり、消化不良になるくらいに食べ過ぎると、イヌは当たり前のように吐く。

しかし吐いた後にすっきりした顔になることが多い。その後も元気に動いていれば何の心配もないだろう。

ただし、カラダの異常が原因で吐く場合もある。病気の症状としての嘔吐で、この場合は何度も繰り返し吐いたり、激しく吐いたりする。吐いた後もつらそうにしていたり、カラダに力が入らずにそのまま寝転んでしまうイヌもいる。また、ただ水を飲んだだけでもカラダが受けつけず吐いてしまうことがある。

このような場合は、胃炎、すい炎、腎臓疾患、あるいは寄生虫病や中毒なども考えられるので早急に診察を受けたほうがいい。

その際には、いつ、何回くらい吐いたか、どんなものを吐いたかなどをチェックして獣医に報告することが大切だ。

いずれにしても、吐くことはイヌが自分のカラダの状態を飼い主に知らせているサインであることには変わりない。目をそむけようとせず、どんな様子かをしっかり見ておきたい。

## 春になると、どうして抜け毛が増える？

イヌの毛が抜け変わる時期は、抜けた毛が散らばって掃除がたいへんだ。長毛種などは丁寧にブラッシングするなど手間が増える。毎年この時期は大忙しだと思っている愛犬家も多いことだろう。

しかしイヌの毛が抜け変わるのは、人間にとっての衣替えのようなもの。イヌたちも新しい季節を迎えてウキウキしているかもしれない。できれば大目に見てあげたいものだ。

冬の間イヌを寒さから守っていた下毛が抜けて全体の毛が生え変わるのが、主に春から夏にかけての換毛期なのだ。特に春は抜け毛の季節である。

注意したいのは、この時期はカラダが不潔になりやすいということだ。皮膚病になるのもこの時期が多く、寄生虫がもたらすアカルスという皮膚病などは、集中してこの時期にかかる。

それを防ぐために、ともかく頭のてっぺんからシッポの先までブラッシングを毎日すること。さらにスリッカー（イヌの毛を梳《す》くための特殊なブラシ）などで抜け毛をきれいに抜き取ることも大事だ。

また抜け毛の時期は、温かい日と寒い日が交互に訪れる。カゼをひくなどの体調不良にならないように健康には特に気をつけたい。

新しい季節を気持ちよく迎えられるのは、イヌもうれしいはずだ。

## 成犬はなぜ1日1回の食事でいいの？

人間と一緒に暮らすようになって雑食性になったとはいえ、イヌは本来肉食動物である。

イヌのカラダに必要な栄養素を人間と比べてみると、たとえば、たんぱく質は人間の約4倍、カルシウムは約10倍にもなる。逆に食塩などは3分の1から5分の1で十分だ。それゆえ一緒に暮らす家族の一員としてどんなにかわいがっていても、人間と同じ食事を食べさせることはイヌのカラダにとって負担をかけることにほかならない。

イヌの健康のためには、必要な栄養素がバランスよく入っているドッグフードが一番だが、子イヌと成犬では1日に必要な栄養量や与える回数が異なる。人間に比べ短期間で成長する子イヌは、成犬に比べて体重1キロ当たり約2倍の栄養が必要だ。

たとえば、成犬が1日に1キログラム当たり70キロカロリーの栄養を必要とするなら、子イヌでは1キログラム当たり140キロカロリー必要ということになる。また消化機能が未熟なため食べ過ぎると下痢をしてしまうので、1回の量を少なく回数を多く与えなくてはならない。

一般的にカラダの大きさが決まるのは、小型犬や中型犬では生後8～10カ月ごろ、大型犬で生後12カ月ごろといわれる。したがって、そのころからは成長のためではなく、毎日の体力と健康を保つことが食事の目的となる。量はそれまで食べていた分の半分でよくなり、消化機能も成熟するので1日1回の食事でよいというわけだ。

中高年を迎えカラダの成長が終わっても、自らの欲望でつい食べ過ぎてしまう人間には耳の痛い話である。

## 平成生まれのイヌは糖尿病にかかりやすい？

糖尿病は生活習慣病のひとつといわれ、すい臓から分泌されるインシュリンというホルモンが出なくなったり、うまく働かなくなったりする病気だ。

原因は遺伝的にインシュリンが不足する体質であることのほか、過食や肥満、運動不足、ストレスなどがあげられる。症状はのどが渇いて水をよく飲む、尿量が多い、食欲は旺盛なのにやせてくる、カラダがだるく疲れやすい――などだ。

イヌの場合も、病気のメカニズムや原因、症状は人間のそれと同じだ。昭和の頃のイヌはたいてい民家の庭につながれていたものだったが、平成の今ではペットブームにのって室内犬が増えた。

本来の食事であるドッグフードのほかに脂肪分たっぷりの人間の食事や間食を食べさせてしまうために、必要な運動量が満たされず、糖尿病にかかりやすくなったのである。

発見が遅れれば命にかかわる病気であるとともに、万一発病した場合、飼い主、イヌ双方の心身の負担も大きくなるので、愛犬の行動は十分観察しておきたい。できれば定期的に健康診断を受けさせると安心だ。

人間もイヌも、健康には粗食と適度な運動が一番のようである。

## 秋田犬のカラダが大きいワケは？

秋田犬で有名なイヌといえば、JR渋谷駅の前で銅像となってその姿を今に残す忠犬ハチ公だ。昭和7年、朝日新聞紙上にその忠犬ぶりが報道され多くの日本人を感動の渦に巻き込んでいる。

その銅像からもわかるとおり、秋田犬の特徴は頑丈そうなカラダつき、ピンと立っている耳、力強く巻かれた尾、そして堅そうな毛などである。

日本犬には現在、この秋田犬のほかに北海道犬、柴犬、甲斐犬、紀州犬、四国犬などの種類があるが、日本犬保存会によって大型犬と認められているのは唯一この秋田犬だけだ。

秋田犬は秋田県大館《おおだて》地方を原産とし、古くから狩猟犬や番犬として飼育されてきた。熊狩りにも使われ、熊と互角に渡り合えるように交配を重ねてきたためにほかの地方の猟犬に比べてカラダは大きいほうだった。

ところが江戸時代になると、歴代の大館藩主が闘犬好きであったことから強いイヌが求められるようになり、さらに秋田犬を大きくするような交配が行われていったのである。

その後、明治時代になって同じ闘犬である土佐犬との試合に敗れたため、秋田犬をより強く大きいイヌにする目的で洋犬の血を引く土佐犬との交配が行われている。

このため、純粋の秋田犬は絶滅の危機に瀕してしまったが、秋田犬の熱心な愛好家などの活動により見事復活し、昭和6年には天然記念物に指定されている。

人間に対して忠実で素朴さのある秋田犬は、日本を代表するイヌなのだ。

## 狂犬病のイヌに噛まれるとどうなるの？

狂犬病のイヌに噛まれるとどうなるのか——。唾液中のウイルスが体内に入り、イヌはもちろん人間にも間違いなく感染する。

イヌの場合は噛まれて発病し死亡するまでわずか5、6日。人間だと8～10日ほどの潜伏期間があるが、しかしワクチンを打たなければ確実に発病し、やはり数日で死に至る。

狂犬病という名前のとおり、発病したイヌはまさに狂ったかのような行動をとる。目が赤く血走り、よだれをダラダラ垂らしながらよろよろと歩く。目についたものは何にでも噛みつくので、そんなイヌを見かけたら噛まれないようにまずは逃げなければならない。

ただし、四肢の神経が麻痺しているのでイヌ自身も機敏な行動はできない。歩くといっても、シッポを股の間にはさんで、左右によろめきながら、やっとの思いで前進しているという感じだ。

この時期が2、3日続いた後、全身の筋肉が麻痺し、とうとう動けなくなる。そして口を開き、よだれを垂らして恐ろしい形相のまま死んでいくのだ。

人間の場合も症状は同じようなものだ。もしも人間が狂犬病のイヌに噛まれたら、約2週間ワクチン注射を打ち続け発病を防がなければならない。

日本では、明治27年に長崎で狂犬病が多発して多くの人が命を落としたという記録が残っている。このとき初めてワクチンが使用されて大いに効果があったという。

ワクチンも日々進歩しているので、現在使用されているものは当時に比べてはるかに有効でしかも安全である。

ただし、狂犬病のワクチンには深刻な副作用がある。まれに下半身麻痺が起こったり、性格が急変して別人のようになることもあるらしい。

とはいえ、うれしいことに狂犬病の予防注射が義務づけられている日本では、昭和31年を最後に狂犬病のイヌは1頭も発生していない。今のところ、狂犬病の恐怖は完全に消え去ったと言っていいのではないだろうか。

しかし、これはあくまでも日本の話だ。海外ではまだ存在する病気である。現実

にインドや中近東では多発しているし、さらに欧米でも狂犬病のイヌは少なくない。海外へ移り住む人が増えている昨今、ペットの移動も多い。いつ日本に再上陸するかわからないといえるのだ。

# Part 3

## イヌの習性に大疑問！
# 人間の言葉をどこまで理解しているのか？

## イヌ好きの人間を見分けられるってホント？

イヌが大好きな人であれば自分で飼っている、いないに関係なく、イヌを見た途端につい立ち止まってなでてあげたくなるものだが、「イヌなんか大っ嫌い！」なんとなると一刻も早くその場から立ち去ってしまうに違いない。

子どもの頃にイヌに追いかけられたとか、一度噛まれたことがあるなど、イヌ嫌いの人には苦い経験を持っている人が少なくない。

ところがイヌのほうも同じで、イヌ好きの人間となるとシッポを振りながら近寄ってきて愛敬を振りまくが、イヌ嫌いの人間のことは本能的に見破って「近づいてくるな！」という気持ちから吠えてしまうことがある。

実は、イヌが嫌いな人間を見破ることができるのは本能的なもので、ヒントは彼らの嗅覚にある。イヌの鼻がよく利くのはご存知のとおりだが、イヌは人間の汗のニオイには特に敏感なのだ。

人間の汗には酸性とアルカリ性があって、運動などをしたときにかく汗は酸性。

ところが緊張したり恐怖感から出る〝冷や汗〟はアルカリ性なのである。

この人間の皮膚から出るアルカリ性の汗をイヌは素早く察知して、相手が自分に対して「警戒している」ことを認識してしまうのだ。また、イヌ嫌いの人はイヌを目の前にすると追い払おうとして大きな声を出したり、蹴飛ばそうとしたり、とかく大きなしぐさをしがちだ。おまけに一目散に逃げ出したりするものだから余計に始末が悪い。

動くものは追いかけるのがイヌの本能だし、視覚は弱いといってもちゃんと人間の行動が見えている。

いくらお目当ての彼女の前でイヌ好きを装って見せても、イヌの前ではすぐにバレバレなのである。

## 1日の半分以上を寝て過ごすのはなぜ？

イヌの行動を観察していると寝るのが仕事ではないかと思うほど、たいてい昼間はどこかでごろんと横になって眠っている。そんなところを見て「一度イヌになってみたい」と思ったことがある飼い主もいるだろう。

しかも昼間にあんなに寝ていたはずなのに、夜になれば人間の就寝時間に合わせてまた寝ているのだから、1日の大半は眠っている計算になる。

実際に子イヌは1日20時間以上も眠っているし、大人になった成犬でも12時間は眠っているという報告がされている。

よくもそれほど飽きずに眠っていられるものだと思ってしまうが、実は寝ているすべての時間を熟睡しているわけではないのである。たとえば半日、12時間寝ていても熟睡しているのはその2割程度だけで、残り8割は浅い眠りなのだ。

だから、ひとたび不審な物音をキャッチすればたちどころに跳ね起きて、「ワンワン」と吠えながら〝現場〟に駆けつけることができるのである。

つまり、イヌは24時間体制で飼い主の家を警戒できるように体力を常に温存しているのである。

ときどき夢を見ているのか、「ふわぁお～ん……」などと寝言ならぬ〝寝吠え〟を聞いたことがある飼い主もいるだろう。きっとおいしいものでも食べている夢を見ているに違いない。

## マーキングにはどんな意味があるの？

電信柱を見つけると必ずニオイを嗅いで片足をあげてオシッコをするのが雄イヌ。ところが、よく見ていると不思議なことに気がつくはずだ。オシッコを少しずつ何回にも分けてしたり、もう出ないのに片足をあげて排尿のポーズを取るのである。

雄イヌのオシッコにはマーキングという意味が込められているために、排尿という生理的な欲求がなくとも本能的に片足をあげてしまうのだ。

このマーキングとは自分のニオイを他の物体につけることで、そこが自分の縄張りだということを他のイヌにアピールする意味がある。

一般的によく言われるのは、マーキングはイヌが自分の存在を示すために名刺代わりに行う行為だということ。つまり、自分がそこに来たのだということを名刺を配るようにマーキングしているというのである。

ようするに、いろいろなイヌが入れ替わり立ち替わりに来ては、「ここはオレの縄張りだ！」と主張し合っているワケなのだ。

ところで雌イヌも普段は地面にしゃがんで排尿しているが、発情期になると雄イヌ同様に片足をあげてオシッコをかけることがある。

これはマーキングというより性誘因物質であるフェロモンのニオイをつけることで、雄イヌを誘うためだと見られている。

縄張りといっても人間社会のように血を見るような抗争事件に発展しないところがイヌ社会の優れたところなのである。

## イヌの気持ちを鳴き声で察するポイントは?

イヌが言葉を話せたらどんなにいいだろうか。彼らと交わす他愛のないおしゃべりはとても楽しいだろうし、どこが悪いのかカラダの異常もすぐわかる。

しかし現実は「どこか具合が悪そうだけど、よくわからない。言葉で伝えてくれたらなあ」と元気のないイヌを前にして思い悩んだ経験があるはずだ。

実は、イヌなりに鳴き方で何かを訴えていることがある。鳴き方には、そのときのイヌの状態を知るサインが秘められているのだ。

たとえば「スースー、ピィーピィー」「ヒーンヒーン」といった鳴き声に思い当たる人もいるだろう。ちょっと寂しげな声なので、甘えてるのかな、と思うこともある。

しかし実際には、カラダのどこかに鈍い痛みを感じてるときにもこんな鳴き方をするのだ。場合によっては内科的な病気のこともあるので、長く続くようなら診察を受けさせたほうがいいだろう。

さらに、かすれ声やしゃがれ声を出すときは、咽喉《いんこう》炎や、喉頭《こうとう》炎、食道疾患など喉や胸の病気の可能性がある。これも要注意だ。

かん高い声で「キャンキャン」と鳴くときは、どこかにかなり激しい痛みを感じている場合だ。あるいは、とても怖がっているときもこんな声を出す。

逆にふつうに「ワンワン」と鳴くときは、多くはうれしくてはしゃいでいる場合だが、危険を感じて警戒しているときや何かに興奮していることもある。

気持ちよさそうにゴロゴロしながら、「アーアー」というような声を出すのを聞いたことがないだろうか。これは機嫌のいい証拠だ。

また、夜間に「ウオーウオー」と遠吠えをすることがある。これは、遠方にいる仲間とコミュニケーションをとるために遠吠えをしていた野生時代の名残りである。だから、遠くにいるイヌとともに鳴き合っていることも多い。

鳴き方をきちんと聞き分けてあげないと、頼りない飼い主だな、なんて思われるかもしれない。イヌの気持ちをしっかりと受け止めてあげたいものだ。

## いつも鼻をクンクンさせているのはなぜ?

何のニオイもしないのに、イヌはよく鼻先を微妙に動かして何かのニオイを嗅いでいるような仕草をするものだ。実はイヌの嗅覚は人間のそれよりもはるかに優れている。その感度は抜群で、ニオイの種類によっては人間の100万倍も鋭敏に感じることができるという。

これは鼻の構造に理由がある。ニオイは分子でできているが、イヌの鼻の粘膜にはそれを捕まえる「嗅細胞《きゅうさいぼう》」が人間の40～44倍もあるといわれているのだ。

イヌはニオイを嗅ぐことで危険を察したり仲間を見分けたりするわけで、人間は判断するときに視覚を一番使うがイヌの場合は鼻なのである。

そのため、イヌの見えないところでお菓子を食べているのに、たちまちニオイを嗅ぎつけた愛犬はシッポを振りながらやってきて、ご主人様の前にかしこまって座り、もの欲しそうな顔をするのである。もちろん嗅覚は犬種によって違いがある。なかでも優れた鼻の持ち主といわれているのが警察犬に使われるシェパード。犯人が身につけていたもののニオイを嗅がせると、それを頼りに居場所をすぐに探し始めるのはご存知のとおりである。

それと比べて嗅覚が劣るとされているのがブルドックなど鼻が低いイヌだ。顔をみれば何となくうなずけるところだが、それでも人間より優れた鼻の持ち主であることには間違いない。

## 女性に限って敵意をむき出しにするワケは？

自分の飼っているイヌが特定の人だけに吠えるということはないだろうか。たとえば、新聞配達のお兄さんがくるとすかさず走っていって足元で吠えたり、隣のおばさんが来ると敵意をむき出しにして吠えるなど――。

これは、イヌ自身が自分の判断で人を見て吠えているのかというとそんなことはない。こうして吠えるのははっきり言って飼い主のせいである。イヌは自分の飼い主の言動を非常によく観察していて、たとえば飼い主が日頃から不快に思っている相手と話しているだけで吠えるのである。

そして隣のおばさんだけでなく、女性に対して蔑視の気持ちをもっていたりすると、イヌはそのことを敏感に感じとって女性だけに吠える（または男性だけに吠える）ということになってしまうのだ。

これは人間だけに限らず、ほかのイヌに接するときでも同じことが起こるのだ。自分が飼っているイヌが一番で、ほかのイヌをバカにしたような態度をとっていると、イヌも自分が一番でほかのイヌのことを見下げて見るようになってしまう。

何でも飼い主が一番と思っているイヌだからこそ起きてしまうことだが、吠えないようにイヌを叱る前に、飼い主は思い当たる節はないか考えてみよう。

## 人間の言葉をどこまで理解しているのか？

「この子は私の言うことなら何でもわかるの」――。そう自慢げに話す飼い主の顔は本当に幸せそうだ。最愛のパートナーが自分の言葉を理解してくれる、たとえ一方通行の会話であっても、イヌは賢くてたのもしい存在だ、と感じるものだ。

しかしイヌは本当に人間の言葉を理解しているのだろうか。

残念ながら、言葉を聞き分け、その意味をつかむことはイヌには無理のようだ。

「オスワリ」や「マテ」と言えばその通りにするから、言葉の意味がわかっているはずだと思う人もいるだろう。しかしそれは言葉を理解しているのではなく、声の調子や言葉の長さ、その時の状況を見て反射的に行動しているだけなのだ。

試しに、いつも「オスワリ！」と言えば座るイヌに向かって、「オスワリ！」と言うときと同じ声の調子で同じ長さの言葉、たとえば「ひまわり！」と言ってみよう。おそらくイヌは座るはずだ。また、いつもと違う調子で「オ・ス・ワ・リ」と音を区切りながらゆっくり言うと、何のことかわからずキョトンとするだろう。

しかし、言葉が通じているわけではないのか、とがっかりすることはない。声の調子や言葉の長さを聞き分けて、飼い主の気持ちを理解しようとイヌなりの努力をしていることは認めてあげたい。

## どうして飼い主に似てくるの？

それはズバリ飼い主と同じような生活をしているからだ。

同じペットでも、ネコと違ってイヌは飼い主の生活により密着して生きている。朝起きる時間も寝る時間も家族とほぼ同じだし、食事もたいていは飼い主に合わせて食べる。

いつもあわただしくせかせかしている飼い主を見ていると、イヌもやはり落ち着きのない性格になり、ちょっとした物音にも反応して吠えやすくなる。

そんな飼い主に連れられての散歩は、忙しくて落ち着きのないものだろう。それを繰り返せば、イヌもだんだん神経質になってくる。逆にのんびりした飼い主だと、その様子を見ているイヌのほうものんきでゆったりした性格になる。

飼い主の生活のペースに合わせたほうがイヌも生きやすいし、飼い主の性格に似ていたほうがかわいがられる。それを本能的に察知して、結果的に同じような性格になるのだ。長年そんな暮らしをしていると、そのうちになんとなく顔つきも似てくるものなのだ。

長年連れ添った夫婦は顔も似るというが、それと同じことである。ただし、「イヌに似るのはいいけど、夫に似るのはちょっと」という妻もいるかもしれないが。

## イヌがうそをつくのはどんなとき？

「人間はなぜうそをつくの？」と聞かれてもなかなか答えが見つからないように、イヌがなぜうそをつくのか本当のところはわからない。ただ、イヌのうそは人をだまして陥れようとする人間のうそとは本質的に違うようだ。

飼い主の留守中を見計らって「やってはいけない」と言われていることをやってしまうのは朝飯前で、たとえばベッドに入ってはいけないと言われているのにこっそりと入ってみたり、誰かのスリッパをイヌ小屋に持ち込んだりするのは日常茶飯事。飼い主の眼があればやらないわけだから、油断できないものである。

そうかと思えば、痛くもない足を引きずったりして仮病のマネをすることがある。これは飼い主の愛情を自分に向けさせたいがゆえに起こす行動で、このほかにもエサを食べない、ウンチをするなどの〝うそ〟をつくことがある。

あわてて動物病院に駆け込むのはいいけれども、病気でないことがわかったら仮病をやめさせるべきだろう。

人間でも子どもが親の関心を自分に向けさせたいために、わざとイタズラをしたりするのと似ているところがある。赤ちゃんが生まれたり、仕事で忙しかったりしてかまわずにいると忘れられた存在に感じてしまうようだ。

イヌも人間も信頼しあってこそ家族の絆が強くなる。うそをついたからといって一方的に怒るより、なぜうそをついたのか、その原因を考えた方がお互いのためのようだ。

## 歌を歌うイヌって、本当にいるの？

ウチのイヌは歌が上手だと自慢する愛犬家がいる。まさかイヌが歌を歌うわけがないだろうと話をよく聞いてみると、ご主人がカラオケを歌ったりピアノを弾いたりすると、特定のフレーズでイヌが一緒になって「ウーウー」と声を出すのだという。こういう例はよく耳にするが、残念ながらイヌが音楽を理解しているのではなく特定の音に反応しているだけなのだ。

これと同じ例が救急車のサイレンを聞くと遠吠えをするイヌ。遠吠えとは遠く離れたイヌ同士がコミュニケーションをとる手段で、「ウァオオーン」と悲しげに鳴くアレだ。実はイヌは救急車のサイレンの音を仲間の遠吠えのように聞いてしまうのである。

しかし遠吠えとサイレンの音はまったく違う。なぜ遠吠えのように聞こえてしまうのだろうか。一説によるとサイレンの音の高低差が仲間の遠吠えのように感じさせ、それに反応してしまうからだという。

ちなみに聴覚が発達しているイヌでは8オクターブ半までを聞き分け、さらに1音あたりの変化も聞き取ることができるというから絶対音感の持ち主の人間もタジタジだろう。

音の高低差だけでカラオケやピアノ演奏を聞けば、救急車のサイレン音と同じように仲間の遠吠えに聞こえるところがあってもおかしくはないのである。

ご主人が熱唱しているカラオケもイヌにとっては遠吠えに聞こえてしまっているのである。

## なぜ、なかなか「フセ」が覚えられない？

主人の命令ひとつでマテ、オスワリ、フセを素直に行うイヌを見ていると、しつけの良さに感心するとともに、改めて「イヌってかわいいなあ」と思ってしまうものだ。ただ、そこまでしっかり覚えさせるのは案外苦労がいるものだ。

マテやオスワリは何度も練習すればそれなりにやってくれるが、フセとなるとなかなか覚えてくれないのである。

業を煮やして飼い主が強引に前足を引っぱってフセの姿勢を取らせようとすると愛犬は逃げてしまうか、あるいはお腹を出して仰向けにひっくり返り服従のポーズをとってしまうことだってある。イヌにとってオスワリは普通にできる姿勢なのだが、フセの格好は苦痛なのである。

イヌがフセをしてみせるのは、獲物を前に自らを押し殺すように静かににじり寄るときだから、けっして日常的な仕草とはいえないのだ。

しつけでフセを覚えさせるにはまずオスワリをさせ、それから思わず姿勢が低くなるようにイヌの頭の上から手の平をかざすと効果があるという。

苦痛なポーズをさせてこそ、本当のしつけといえるようだ。

## 遠吠えにはどんな意味がある？

地球上に生きる動物の中で言葉を操ることができるのは人間だけだ。人間以外の動物にとってコミュニケーションをとる方法は鳴いたり、吠えたりすることとボディランゲージによるものだ。

イヌも自分の喜怒哀楽の感情を吠えたり、カラダを使ったりして表現している。散歩中にイヌ同士が出会ったときなど、お互いにすごい剣幕で吠え一触即発の状態になることがあるが、あれが「オレ様の縄張りで大きな顔してんなよっ！」という怒鳴り合いのケンカであることは周知の事実だ。

そんなイヌにとっては、遠吠えもコミュニケーションの手段である。

イヌの祖先は広い草原や森の中で、リーダーの下に群れで生活していた。遠吠えによって、離れている仲間に「ここにいるよ～」と知らせたり、「みんな、大きな獣が近づいてくるから気をつけろよ！」などと危険が迫っているのを教えたり、またそれに答えたりしていたという。その習性が、現代のイヌたちにも受け継がれているわけだ。

でも、もしあなたの留守中に「おたくのイヌが盛んに遠吠えしていたわよ」なんて近所から苦情を言われたら要注意。「寂しいよ～、ご主人様！」という心の訴えなのかもしれない。

## イヌも車に酔うの？

ズバリ、イヌも車酔いをする。しかし、すべてのイヌが車酔いをするわけではない。初めて車に乗ってもまったく平気なイヌもいれば、ほんの10分で車酔いしてしまうイヌもいる。

インターネットでペット関連の掲示板などを見てみると、多くの飼い主がイヌの車酔いについて悩みを訴えているのを見つけることができる。

なかには、飼い主の車の中では吐くのを我慢し、パーキングエリアに着いた途端に吐いてしまったなどというイヌの例も報告されていて、そのけなげさに同情せずにはいられなくなるほどだ。

イヌの車酔いも、人間の場合と同様に車内のニオイや走っているときの振動、慣れない場所での緊張によるものだったりするらしい。

対処の方法も、人間の場合と同じだ。車に乗る前に胃に食べ物を入れないようにし、車の中ではタイヤの上を避けてなるべく揺れの少ない真ん中あたりに乗せるといい。

その際は、安全のためにも車酔い防止のためにも、カラダを支えられる程度のケージに入れてやりシートベルトで固定しよう。長時間のドライブなら、ときどきは休憩して車外に出してやるなどの配慮も必要だ。

万が一、愛犬が酔って車内で吐いてしまってもけっして叱ったりしないことだ。イヌも「申し訳ない」と思っているところに叱られたのでは車酔いがひどくなるばかりでなく、車嫌いになってしまいかねない。

どうしても車酔いが直らない場合は、獣医さんに相談すればイヌ用の酔い止め薬を処方してもらえるので使ってみるのもひとつの手だろう。

どこへでも一緒に行って楽しみたいというのはイヌ好きの人間にとって当たり前の感情だが、イヌの事情も考えたいものだ。

## イヌの年齢はどう数えるのが正しい?

イヌは、生まれて1年くらいで妊娠することがある。「まだ1歳くらいなのに、もう母親になるの?」と驚かされるものだ。「母親としてちゃんとやっていけるのかな。だいじょうぶかな」と不安になるが、それでも母イヌはきちんと出産し、子育てもこなす。

イヌと人間とでは年齢の数え方が違うとわかっていても、1歳で出産、子育てというのはすぐにはピンとこないだろう。

ではイヌの1歳というのは、人間では何歳くらいにあたるのだろうか。また、イヌの年齢を人間に換算するにはどうすればいいのだろうか。「人間の1年がイヌの10年」といった大雑把な考え方をしている人も多いが、実はもっと正確な計算のしかたがある。

まず、イヌの1歳は人間の17歳にあたる。そして、イヌの2歳は人間の23歳、3歳は人間の28歳と考え、その後は1年につき4歳ずつ足せばいいのだ。

たとえば、5歳の誕生日を迎えたイヌの場合は、

28（歳）＋4（歳）×2（年）＝36（歳）

ということになる。

この計算でいくと、15歳のイヌは人間でいえば76歳になる。人間なら最近は70歳以上でもお元気なお年寄りは大勢いるが、15歳まで生きるイヌとなるとかなりの長寿といえる。

あるデータによると東京近郊のイヌの平均寿命は9・2歳、つまり人間でいう52・8歳になる。これ以上生きているイヌは長寿ということになる。

長生きしているイヌには、人間のお年寄り同様、尊敬といたわりの気持ちで接してあげたいものだ。

## イヌの〝夫婦関係〟は、どうなっている?

共働きの主婦にとって日常の掃除や洗濯はできれば夫との分業にしたいところ。休みの日にパパが子どもと公園で遊んでやるだけでは納得できないところだろう。

ところがイヌの世界となると、事情はちょっと変わってくる。雄はもっとやりたい放題なのだ。成犬になったイヌはパートナーを捜してめでたく妊娠となるが、雄イヌが関心を示すのはここまで。あとは基本的に出産から子育てまで雌イヌがすべてを行うことになる。

一度に雌イヌが出産する子イヌの数は小型犬で3匹前後、大型犬となると5～10匹。3人兄弟が珍しくなった今どきの日本人から見たら、イヌは子だくさんの大家族ということになる。

子イヌが生まれても雄イヌは育児にノータッチを貫く。特別に子どもがかわいいというような気持ちもないようだ。その分、母親となった雌イヌが頑張ることになる。出産直後から子イヌのカラダを舐めてやり、乳を与えて排尿や排便ができるように肛門などにも刺激を与えてやるのだ。

もちろん教育も母親の仕事。一緒に遊んでやりながら生後2～3カ月の間に生きていくための基本的なルールを教えるのである。

これが野生動物なら狩りをして食べ物を運んでくるのが雄イヌの重要な仕事になるのだろうが、人間と一緒に暮らす彼らには食べる心配もない。まさに雄イヌはお気楽イヌということができるだろう。

## フリスビーを投げると素早く取りに行く理由は？

飼い主が遠くに放り投げたフリスビーを懸命に追いかけて自信満々にくわえて帰ってくるのは、何か特別の能力があるように思えてしまうが、これはイヌの追跡本能を利用したものにすぎない。

イヌの祖先であるオオカミはかつて集団で獲物を追いつめて狩りをしていたが、イヌはこの血が騒ぐのである。放り投げたフリスビーやボールを素早く追いかけて捕まえる行為には、逃げるものを追跡する本能が働いているのだ。

牧羊犬が群れから離れた迷子のヒツジを追いかけるのもこれと同じ習性によるもので、ヒツジの群れを誘導することができるのは獲物を追いつめて狩りをしていたころの本能によるものである。

ところで、この牧羊犬の歴史は古い。これまでに出土したヒツジとイヌの骨などから推定すると発祥時期は紀元前４３００年頃だといわれており、最初はオオカミやヒツジ泥棒という〝外敵〟からヒツジを守る仕事をしていたという。

大昔からイヌの本能は人間の役に立っていたようだが、古代の人々が今のようなペット化されたイヌたちを見たらどう思うのだろうか。

## クラシック音楽に反応するのはなぜ？

クラシック音楽を聴いていると、そばで寝ていたイヌが突然むっくりと起きあがって興味深げに首をかしげることがある。飼い主もそこが一番の聴かせどころだと思っているので、「ウチのイヌもわかるんだ」と早合点するかもしれない。

しかし、イヌにとって音楽はウルサイ雑音でしかない。なぜ突然音楽に関心を示したのかというと、オーケストラが演奏した特定の音に反応したにすぎないのである。イヌの聴覚は人間には聞き取れない超音波まで聞き取ることができるからだ。人間の耳に聞こえるのは20キロサイクルまでだが、イヌによっては120キロサイクルまで聞き取ることができるといわれている。

たとえばイヌを呼び寄せるときに使う特殊な笛である「犬笛」を吹いてみればわかるだろう。あまりの高音のため人間の耳には聞こえないが、遠く離れていてもイヌにはそれがはっきりと聞き取れて飼い主のところに戻ってくるのである。

ようするに、クラシック音楽に反応したのも音楽を理解できたからではないのだ。もし本当に音楽がわかったら、とてつもなくいい耳をしているだけに飼い主よりクラシック通になってしまうに違いない。

## どこをなでてやると喜ぶの？

ネコはアゴの下をなでるとゴロゴロとノドの奥の方から音を立てて喜ぶが、イヌはアゴの下をなでてもたいして喜ばない。それよりも耳の後ろやノドの下をなでてやるとシッポを振って嬉しそうに目を細める。

イヌもネコも同じように全身が毛で覆われた小動物だが、なでてあげて気持ちがいいと感じる場所に違いがあるのだろうか。

実は、イヌが触ってほしいところは別にある。それは、自分の前足や後ろ足が届かないところなのだ。

首の後ろなら床にお尻をついて後ろ足で器用に掻くことができるし、シッポやお尻の方ならカラダをねじ曲げて丁寧に舐めて毛繕いすることができる。お腹も少々苦しい格好をすることになるが、下腹部を少しだけ舐めることができる。

しかし、どうしても足や口が届かない部分がある。それがノドの下の前胸部だ。耳の後ろにも後ろ足が届くが、優しく毛繕いをするように舐めて掻くようなわけにはいかないのだ。

だから、そこをなでられると非常に気持ちがいいのである。イヌのしつけは誉めるところから始めるといわれるが、このときも頭をなでてやるよりノドの下の前胸部や耳の後ろをなでてやると一層効果的なのだ。

イヌは人間のように毎日シャワーを浴びたりお風呂に入れるわけではない。つまり、かゆいところがあってもガマンするしかないのである。イヌにとって人間の手は一種の〝マゴの手〟なのかもしれない。

## 頭を触ると噛みつくイヌがいるが?

イヌ嫌いの人の中には子どものころにイヌの頭をなでようとして、手をガブリとやられた経験の持ち主も少なくないだろう。

かわいいイヌを見るとどうしても頭をなでたくなってしまうのはわかるが、この行為、イヌにとってはありがたくないことなのである。

頭の上に手をかざされると相手に何かされるのではないかと、威圧的な感じを受けてしまうからだ。

そのためイヌによっては手を頭の上にかざすと、それを避けるようにさらに頭を下げたり、臆病なイヌだと鼻の横にしわを寄せて「ウー」と唸って警戒態勢に入る。場合よっては噛みつくのである。

もしイヌに触ってみたかったら立ったまま頭の上から手を出すのではなく、まずイヌと同じ目線になるようにしゃがんでからイヌに自分のニオイを嗅がし、自分が敵でないことをわからせたあと、そっと手を出して頭ではなくアゴや胸を静かになでるのがいいのだ。

とにかくイヌに恐怖感を与えないことが大切で、本気で怖がったイヌは容赦なく思い切り噛むので非常に危険であることも覚えておきたい。

特に小さな子どもは「いい子、いい子」と言って見境なく手を出すことがあるから要注意だ。イヌが噛むのは人間がそうしむけていることもあるのである。

## イヌが階段を嫌がるワケは？

散歩に出かけたお年寄りが一番苦労するのは歩道橋だろう。長い階段を上り下りしなければならないからだ。実はイヌも階段は大の苦手なのである。

もともとオオカミを祖先にもつイヌは、平地を走り回るのが得意で走るスピードも早い。だから足腰もそれに適した発達をしている。

しかし階段となると話は変わってくる。一段ずつ上っていくためには足腰のバネが必要となり、平地を走るようなワケにはいかないのだ。

それに上がった後のことまで考えているかどうかはわからないが、今度は下りるときに上り以上の恐怖を味わうことになる。

ゆるやかな下り坂のようなイヌ用の階段でもあれば話は別だが、人間が上り下りする階段は段差が大きく、しかも狭いことが多い。イヌの視線から見ればまるで断崖絶壁のように見える。

その階段を頭を先にして一歩一歩、慎重に下りるのである。一度この恐怖を覚えたら、たいていのイヌは用もないのに2階に行くのは億劫になってしまう。

人間にとっては何なく駆け上がれる2階も、イヌにとっては恐怖の大冒険になっていたのである。

## イヌにも食べ物の好き嫌いがある？

たしかに、好き嫌いをするイヌはいる。自分の子どもの食わず嫌いは真剣に直そうとするが、イヌの好き嫌いは放っておく飼い主が多い。中には「上等なペットフードしか食べない」とか、「ごはんは食べないから肉しかあげない」などと自慢げに話す人もいる。

しかしイヌの好き嫌いは、ほとんどは同じものしか食べさせない飼い主の姿勢が問題。イヌのためには、直したほうがいいのは言うまでもない。

特に決まったものしか食べないと、栄養がかたよることがある。不足した栄養をほかの食品で補うのならいいが、食べられるものが少ないイヌの場合は、それもうまくいかなくて栄養のバランスがくずれてしまう。

とにかく決まったペットフードや特定の食品だけでなく、ごはんでも麺類でも何でも出されれば食べるようにしつけておきたい。イヌの健康を考えて食べるものを選ぶのは飼い主として大切なことだが、イヌも好き嫌いをさせないことが肝心だ。

とはいえ、イヌの好き嫌いを改めたいときは、「これを食べられるようになってほしい」というものを決めて、食事の度にそれしか出さないようにするといい。イヌのほうもしかたなく、それを口にするようになるからだ。

空腹そうだなと思っても、水さえ飲ませれば2、3日は大丈夫。そのうちイヌも食べるようになるし、これを繰り返すことで、好き嫌いがなくせるというわけだ。

イヌの健康のためを思うならグルメにすることは厳禁だ。

## 主人の死を理解できるの？

今まで生活を共にしてきた家族の死は、残された家族に大きな影響を与えるものだ。一家の大黒柱である夫を失った妻であれば、悲しみにくれる暇もなく今度は自分が大黒柱となって働かなくてはならなくなる。経済的なダメージだけでなく、精神的な支えを失った心の痛手は想像以上に大きなものがある。

仲のよい家族であればあるほどその喪失感は大きく、死の事実を受け入れるまでには時間がかかるはずだ。

それはイヌにとっても同じである。イヌにとって飼い主は「群れ」のリーダーになる。飼い主の死を理解しているかどうかはともかく、リーダーが目の前から忽然と消えたという事実はショックに違いない。

特に子イヌのときから愛情を注いでもらい、お互いに信頼関係を築いてきたリーダーであればなおさらだ。当然イヌはリーダーがいなくなった事実を受け入れるのに時間がかかり、食事もノドを通らないほど沈み込んでしまうこともある。

そんなときは散歩などを無理強いせず、そっとしておいてやるのが一番だが、家族の中から次のリーダーを早めに決めてやることも大切だ。イヌには常にリーダーが必要だからである。

酷な話だが、もし飼い主が亡くなってもイヌがとまどっていないようなら、その飼い主はリーダーと認められていなかったのかもしれない。

## なぜ叱ってもすぐに忘れるの？

イヌのしつけで最も悩むのは、どのように叱ったら最も効果的かということだろう。あたりかまわずモノを噛んだり、トイレ以外の場所でそそうをしたり、あるいはゴミ箱をひっくり返して中をあさったりと、室内で飼っているイヌは1日中やりたい放題だ。

何かイタズラを見つけるたびに飼い主は「またやったの、さっき怒られたばかりじゃないの」と言ってきつく叱るが、そんなのはどこ吹く風でイヌはまたすぐに同じことを繰り返すのである。

叱られているときはかしこまって素直に聞いているのだが、なぜかすぐにそれを忘れてしまうのだ。

まず知っておきたいのはイヌには反省するという気持ちなどもともとないということだ。やっていいことなのか悪いことなのか、その判断基準は人間が勝手に考えているもので、イヌにはそもそも判断ができない。

だからイタズラをしていないときでも、「こんなことをするとご主人に怒られる」と学習しているので行動を〝自粛〟しているにすぎないのだ。

つまり、悪いことをしたら条件反射でしなくなるように、その場ですぐに厳しく叱らなければならないのである。

しばらくしてからイヌをどなりつけたのでは、イヌはもう自分が何をしたのか忘れてしまっている。ただ「ご主人様が怒っている」ので、かしこまって聞いているふりをしているだけなのだ。

〝現行犯逮捕〟をしなければイヌはシラを切る動物なのである。

## イヌ同士のケンカを仲裁するのは危険？

散歩をしている時など近所のイヌや知らないイヌと遭遇することはよくあることだ。毎日散歩ですれ違うイヌならば飼い主同士あいさつもするし、そのイヌが愛犬に対してどんな反応をするのかわかっているので安心だ。しかし知らないイヌの場合など、ときには急に飛びかかってきてケンカになるのではと焦ったことがある人も少なくないだろう。

イヌのケンカは同性同士ですることが多く、ほとんど雌対雌、雄対雄の取り組み

になる。また同じイヌ同士でも自分以外のイヌが嫌いで、ほかのイヌに遭うたびに攻撃的な態度をとるイヌがいるものだ。

飼い主にしてみれば、自分のイヌが傷ついてしまう前にケンカをやめさせたいところだが、ケンカが始まってしまったら仲裁に入るのはとても危険な行為であることを認識してほしい。

イヌ同士は闘争心をむき出しにしているから、そこに不用意に出てきた手や足を「自分の飼い主のだから」などと判断することは無理な話で、大ケガの元だ。よくシッポを捕まえるのがいいといわれているが、これも巻き込まれる危険性がある。

最も効果的なのは水をかけることだが、一番いいのはケンカをさせないことである。飼っているイヌが他のイヌに対して攻撃的だったら、散歩するコースや時間を考慮する必要があるだろう。

逆にケンカを売られそうになったら、相手のイヌと視線を合わせないようにその場をさっさと立ち去るのが賢明なのだ。

「売られたケンカは買わなきゃ損」なんていうのは人間でもしないほうがいいにきまっている。

## 時間や曜日がわかるってホント？

こんな経験はないだろうか。いつも同じ時間にエサを与えているが、ある日忙しくてついうっかりその時間に与えるのを忘れてしまった。するとイヌがエサの皿の前で自分のほうを見ながら座っていた。

あるいは「そろそろ散歩の時間だ」と思っていたら、イヌがリードをくわえて目の前に現れたということもあるかもしれない。

これだけをみると、イヌには時間がわかっているように思えてしまう。しかし、そういう例ばかりではない。

飼い主が用事のためにいつもより早い時間にエサをやるとイヌが喜んでペロリと食べてしまったということはよくあるし、飼い主がいつも散歩に行くときの靴でなく間違って通勤用の靴をはいたら、イヌは顔をあげただけで立ちあがらなかったという話もある。

これらのことから一般的にイヌは生理的な理由や学習によって行動しているとさ

れており、したがって時間の観念はないと考えられている。

つまり、エサの皿の前で待っていたのは空腹になったからであり、リードを持ってきたのはいつも飼い主の行動を見ていて「これをしたら次は散歩だな」と学習したからということなのだ。

頭で30分経ったとか1時間待ったなどと理解しているわけではないのだから、当然曜日が変わったということもわからないだろう。

四六時中、時間に追われている人間から見れば、少しうらやましくなるような話である。

## ブラッシングはイヌも気持ちがいいの?

人間の世界では社会的に優れた血筋を持つ人のことを「毛並みがいい」と言うことがあるが、イヌの場合は文字通りきれいにブラシをかけられ、色ツヤの良い体毛のことを指している。

愛犬家の中には少しでも立派なイヌに見せたいと、毎日ブラッシングする人もいるが、これはイヌにとっても欠かせない健康管理のひとつなのである。まずブラシをかけることで皮膚に刺激を与え血行が良くなり、同時に皮膚の汚れを取り除くために衛生的にも良い。

なにしろイヌは人間のように毎日シャワーを浴びたり、風呂に入って汚れを洗い落とすことができない。自分で汚れを取ろうと思ったら舌で舐めて毛繕いをするしかないのである。

ようするに、飼い主が毎日のようにブラッシングをすることでカラダがリフレッシュして爽快になるわけだ。それに飼い主とのスキンシップにもなり、愛犬は健康と愛情の両面を享受することができるのである。

愛犬家なら散歩の後のブラッシングは面倒くさがらずに欠かさずに行いたいものである。

## どうしてイヌは吠えるの？

マンションで起きるペットのトラブルの中で多いのがイヌの鳴き声。それにしてもなぜイヌは吠えるのだろうか。

イヌの祖先はオオカミだがイヌのようには吠えない。野生動物を見ても狩猟形の動物でイヌのように1日中吠えている動物はあまり見あたらないようだ。それにイヌのように始終吠えていてはせっかくの獲物が逃げてしまう。

一説ではイヌが吠えるようになったのは人と生活するようになり、人間が言葉を繰ってコミュニケーションするのを見て、永い間にイヌもそれを真似たのではないかといわれている。

シッポを振ったり全身で気持ちを表現しようとするのもイヌの特徴のひとつだが、これも言葉を喋れないイヌが人と生活するうちに身に付けたものという解釈もあるようだ。

人間とイヌとのつき合いは4～6万年前頃からといわれており、この歴史が今のイヌを形作ったと考えられているのである。

この説のとおりならイヌが吠えるのは人間と話をしたいからということになるが、そういわれてイヌを見ると、鳴き声が何か訴えているかのように思えてしまうのは愛犬家の証拠なのかもしれない。

## 特に子どもに向かって吠える理由は？

子どものころに近所のイヌに吠えられて、それからすっかりイヌが嫌いになったという話はよく聞くところである。子どもにとってはたとえ小さなイヌが「ウー、ワンワン」と吠えただけでも、今にも襲われそうだと思っても不思議はない。

なぜ普段はおとなしいイヌでも子どもに吠えることがあるのだろうか。それは子どもの方にも原因があるのである。

子どもはイヌを見つけると大声を上げたり騒いだりすることが多く、真正面から

近づいていくものだ。しかも子どもが大勢いる場合はイヌを取り囲んで代わるがわる頭をなでたがるだろう。

この行為はイヌからみれば威嚇されているような気になるのだ。これを経験したイヌは子どもを見ると敵に思えてくるらしい。

もし大人が側にいるのなら、子どもにちゃんとしたイヌとの付き合い方を教えてあげるのが愛犬家というもの。実は本当に恐い思いをしたのは子どもというよりも威嚇されていたイヌのほうだったのである。

## 吠えない、無口なイヌっているの？

イヌは、いくつかのコミュニケーションの方法を持っている。

ひとつは、ボディランゲージやアイ・コンタクトによるものだ。いつもの時間になっても散歩に連れて行くのを忘れているとき、愛犬にジーッと見つめられたことはないだろうか。これは「そろそろ散歩に行きたいな、まだですか？」という気持ちの表れである。

一方でイヌは吠えたり鳴いたりすることでコミュニケーションしたり、感情を表したりしている。だからたいしたこともないのにすぐに吠えるのも困りものだが、まったく吠えたり鳴いたりしないのもおかしい。

そういうイヌは感情表現をしようとしないか、できないということになる。もしかしたら幼いときに吠えて叱られたため、吠えなくなってしまったということも考えられる。飼い主としては、自分とイヌとの関係がうまくいっていないと考えるべきだろう。

間違っても、「ウチのイヌは近所に迷惑をかけないお利口なイヌなんですよ」などと自慢はしないことだ。

## 子イヌのウンチを母イヌが食べるのはなぜ？

生まれたばかりの子イヌは、人間の赤ちゃんと同じように自分でオシッコやウンチのコントロールをすることができない。

ただ、人間の赤ちゃんはオムツの中にいつでもオシッコやウンチをしてしまうが、子イヌは母イヌに肛門部を舐められないかぎり、排泄することはない。しかも、母イヌはその排泄物を食べて始末するし、出産のときにも胎盤や羊膜などを食べてしまう。

人間ならかわいいわが子であってもとてもそこまではできないが、これには理由がある。巣が不衛生になり、病気になってしまう可能性を防ぐためだ。

生後1カ月ぐらいで子イヌは自分で排泄機能をコントロールすることができるようになる。そうすると、今度は母イヌから教わって巣から少し離れた決まった場所でオシッコやウンチをするようになるが、それも同じ理由からだ。

こうした一連の習性は、イヌの祖先たちの中でも身につけることができなかったイヌは自然淘汰され、できたイヌだけが生き残った結果、今に伝わっていると考えられている。

人間の社会でも「リストラ」という名の淘汰が行われている。どんな動物にしても生き残るのは大変である。

# Part 4

## イヌの常識に大疑問！
## 「3日飼ったら恩を忘れない」はホント？

## 「3日飼ったら恩を忘れない」はホント？

「イヌは3日飼ったら恩を忘れない」と言うが、それは本当なのだろうか。何しろ人間の世界では義理も人情もとうになくなってしまっている。実はこれはイヌの本能のひとつで、それはイヌの祖先がオオカミだったことによるものなのだ。

オオカミが群れをつくって生活する動物なのはご存知のとおり。彼らはリーダーに絶対的な服従を誓いながら生活し、チームプレーで獲物を捕らえて家族を養ってきた。

イヌは人間と生活するようになって仲間同士で群れなくても生きていけるようになったが、リーダーへの絶対服従という群れ社会のオキテだけは脈々と受け継いできたのだ。

だから3日も一緒にいたら群れの中の一員だと考えるようになり、リーダーである飼い主に忠誠を尽くすようになるのである。恩というより生きていくための本能がそうさせているのだ。

## 「イヌは笑う」はウソではない？

「ウチのイヌは歌う」とか「ウチのイヌはしゃべる」というのと同じように、「ウチのイヌは笑う」というのもよく聞く話だ。イヌを飼っていない人にとっては「そんなバカな」という話に思えるようだが、あながちウソではない。

しかし、イヌは楽しかったり、おかしかったりして笑うわけではない。イヌの笑いにはいくつかの種類があるのだ。

1つ目は挨拶をしたり、相手の行った行動に対して服従を表すときの笑いだ。人間の微笑によく似て口の端を後ろに引くようにするが、同時に鼻面を突き上げるようにする特徴がある。

2つ目は飼い主やほかのイヌを遊びに誘うときの笑いだ。表情は1つ目に似ているのだが、こちらの場合は耳をピンと立てており、頭を低く尾を高く持ち上げてお辞儀のような姿勢をする。

3つ目は人間にこびる笑いだ。イヌを飼っている人がよく見るのはこの笑いだろう。これはイヌが人間の笑いをまねたもので、イヌ同士では見られないし、すべてのイヌがこの表情をするわけでもない。

もともと、群れで暮らす習性を持っているイヌは、ほかのイヌの行動をマネることがよくある。公園などで1頭のイヌがしきりにあたりを嗅ぎ回っていると、ほかのイヌたちも集まってきて同じことをやり始めたりしている。

そんなイヌが常に注目しているのは群れのリーダーの行動だ。飼いイヌにとって飼い主は同じ〝群れ〟のリーダーであり、いつも注目している存在のため、飼い主の笑いをいつのまにかマネするようになったというわけだ。しかも、笑うと人間様にウケがいいということも彼らはちゃんと知っている。

「ウチのイヌは笑う」と自慢しながら、実はイヌの思うツボにはめられている飼い主も多いのでは？

## 目をじっと見つめるとなぜ吠える？

知らない者同士、目と目が合ったりすると無意識のうちに視線をはずすものだ。

物騒な世の中だから、相手が悪いとそれだけでケンカを売られることだって考えられる。

さらに相手をじっと見つめてしまうと、事態はさらに深刻なケースに発展する場合もあるだろう。

イヌにとっても人間から目をじっと見つめられる行為は苦手である。これを挑発行為と受けとめてしまうからだ。かわいいワンちゃんだと思って見ていたら突然吠えられた経験があるかもしれない。

このとき目を見つめていなかっただろうか。イヌにとってはケンカを仕掛けられているように思うことだってあるのだ。

吠えられるだけならまだいいが、非常に攻撃性の高いイヌになると、にらみつけただけで牙をむいて襲ってくる可能性があることも頭に入れておこう。

ただ、多くのイヌは自分の目線の高さを基準に相手との上下関係を認識する。そのため、上からにらみつけられれば逆にシュンとなっておとなしくなることのほうが多いようだ。

人もイヌも目は口ほどにものを言うのである。

## なんで逃げると追いかけてくるの？

イヌに追いかけられたためにイヌ嫌いになったという人は多い。子どもが走りだしたらイヌも続いて走りだし、ついには子どもの上にのしかかってしまったなどということもよくある。

実は、イヌは人間に限らず動くものに反応する。散歩の途中、愛犬が自転車やジョギングの人を追いかけていってしまうので困るという飼い主もいる。これは彼らの祖先が狩りを行っていたためで、今でもその習性が残っているのだ。

飼いイヌとしていつでもエサをもらえる今では、そうした狩猟本能は遊びの一環として発揮されることになる。イヌは、飼い主が投げたボールを拾ってきたり、フリスビーをキャッチしたりする動きの大きい遊びが大好きだ。

つまり「逃げると追いかけてくる」のも、イヌにとっては遊んでいるつもりにほかならない。人間が逃げれば逃げるほど、「待て待てーっ！」とばかりに彼らの気持ちは盛り上がる一方なのである。

最近では放し飼いのイヌはほとんどいなくなったため、イヌに追いかけられるということも少なくなったが、力の強いイヌの場合はリードを振り切って走り出すこともある。

世の中はイヌ好きばかりとは限らないので、飼い主はリーダーとしてしっかりしつけを行い、散歩中はリードをけっして離さないように注意したいものだ。

## 嬉しいと、どうしてシッポを振るの？

言葉が喋れないイヌは全身で感情を表現する。これはいわゆるボディランゲージと解釈することができるが、なかでも特徴的なのがシッポを振る仕草だ。

動物学者に言わせるとイヌのシッポの振り方には意味があり、それぞれさまざまな感情が込められているという。だからシッポを振っているのがすべて嬉しさの表現だと考えるのは間違いだと指摘している。

そう言われてみれば、シッポはご主人が帰ってきた時にちぎれんばかりに振ることもあれば、おやつをねだるときにも、また何かをガマンさせられているときにも、それなりの振り方をする。

ただ本能的に群れ社会での生活を前提としているイヌにとって、ご主人が帰ってきたときに見せる興奮したシッポの振り方は、再びリーダーに出会えた嬉しさを表現しているのは間違いのないところ。

目が口ほどにものを言うのが人間なら、イヌのシッポは口ほどにものを言っているのである。飼い主ならぜひ目を向けてあげたい。

## イヌはどのくらい頭がいい動物なの？

イヌは動物界では3番目ぐらいに頭のいい動物だという。

たとえば、子イヌが飼い主を噛んできたときは仰向けにしてのどを押さえるが、噛むたびにこれを繰り返すと子イヌは「噛むとイヤなことが起こる」ということを学習して噛まなくなる。

またイヌが外で遊んでいてたまたまハチの巣を発見し、好奇心でのぞきこんでいるうちに刺されて痛い目に遭ってしまったような場合、いつかまたハチの巣を見つけることがあってもけっして近づこうとはしない。

このようにイヌには学習能力も記憶力もあり、たしかにかなり賢いといえるが、それは人間の大人にも通用する「頭がいい」というのとは少し違う。

さまざまな事柄から予測を立てて行動できたり、物事を筋道立てて考えられる人に対して人間は「頭がいい」と評することが多い。しかし、イヌは学習によって正しい行動をすることはできても、あらゆる状況下で周囲のいろいろな事柄から自分なりに判断して行動するようなことはできない。

そうしたことから、イヌの知能は人間にたとえてみれば2～4歳ぐらいの子どもと同じだと考えられている。

しかし、イヌに聞いてみれば「人間に当てはめて考えられるのは迷惑だ」と言うかもしれない。

## 「犬猿の仲」は本当か？

イヌの祖先は群れで行動し狩りをしながら生活をしていた。協力して大きな獲物を狙うことはあったが、1対1のときには自分より体格の大きい獲物は襲わなかった。自分の命のほうが危なくなるためだ。

イヌが単独で闘って倒せる可能性があるのはせいぜい自分と同じぐらいの大きさまでらしい。その点、猿は体格的に互角に闘える相手だったと考えられる。もちろん、猿のほうもただ黙って逃げるだけでなく、引っかいたり、噛みついたりと反撃に出ただろうことは想像に難くない。

そんなところから「犬猿の仲」といわれるようになったのかもしれないが、イヌも人間のパートナーとなり猿もペットとなるような現代ではそうとも限らなくなっている。イヌと猿も、幼い頃から一緒に生活すれば仲間意識が生まれて仲良く暮らせるようになるという。

また、イヌは猿ばかりでなくほかの動物とも仲良く暮らせる動物だ。相手がネコであっても、飼い主が遊びやトイレ、食事などを別々にするなどの配慮をすればうまくやっていけるようになる。

そればかりか雌イヌが子ネコに自分の乳を与え、わが子のようにかわいがる例もあるようだ。

「犬猿の仲」とは、人間同士だけに使われる言葉と思うべきかも？

## 妊婦はイヌを飼ってはいけないの？

「妊婦がイヌを飼うのは禁物です。我が子がかわいいならイヌは手放しなさい！」

たしかに妊婦がペットを飼うのは危険という話を聞くことがある。これは妊娠初期の段階でトキソプラズマ病という病気に感染すると、胎児の奇形や流産を招くことがあるからだ。

このトキソプラズマ病はイヌやネコなどのペットや家畜が感染源の病気で、まれに人に感染することもある。特に感染源として多いのはネコの排泄物だが、直接触れるようなことがなければ感染はしない。

また、ネコの排泄物に触れたイヌを通して人間に感染する可能性もあるが、しかしそれは問題にするほどのことではない。今では妊娠を理由にイヌを手放すようなことは一般には行われていない。

最近は妊娠したらイヌは手放しなさいと忠告する医者はほとんどいないし、もしいたとしても、あまり気に止めなくてもいいだろう。

なお、赤ちゃんばかりかわいがっていると嫉妬するイヌもいる。その点だけはご注意を。イヌにも変わらない愛情を注いであげたいものだ。

## イヌを飼うなら1匹よりも2匹がいい理由は?

簡単に言えば、寂しくないから、ということになる。

自分はいつもイヌにかまってあげているから寂しいはずはない、という人でも24時間イヌとべったりと過ごせるわけではない。イヌが1匹で放っておかれる時間は案外少なくないのだ。

たまにならいいが、それが度重なるようになると今度は欲求不満になり、ストレスがたまって、やがて遊びへの意欲もなくなる。寂しい思いが募って情緒不安定になることもあれば、動物としてのイヌらしさもなくなってくる。

もし、もう1匹いれば人が相手をしなくてもイヌ同士で遊べるから思い切り発散できるわけだ。

しかもイヌ同士であれば、縄張り争いや食事の順序など動物としてのルールも学ぶことができて本来の動物らしさを失わない。

また、飼い主にも都合がいい。2匹いると、どちらかが体調を壊したときに気づきやすいのである。

外出のときに「寂しい思いをさせてかわいそう」と思わなくてもいいからストレスも溜まらない。飼い主とイヌとがますますいい関係になるだろう。

なお新たに2匹目を飼うときは、今いるイヌよりも若く、できれば異性が望ましい。ケンカもせず、敵対関係になりにくいからだ。

自分よりも年少者の異性には自然と優しくなれるのは、人間もイヌも同じというわけである。

## 雨の日も雪の日も散歩をしたがっている？

雪が降ればイヌは喜んで庭先を駆け回るもの、と思っている人は多い。ところが室内犬で雪を知らずに育ったイヌなどは、雪の上に立たされても歩こうとしないことがある。また、雨の日にカッパまで着せられて散歩をしているイヌを見かけるが、そこまでして散歩をする必要があるかどうかは疑問である。

雪の日は喜ぶ、雨の日でも散歩は欠かせないというのは、どちらも人間の勝手な思い込みにすぎない。もちろん雪の日も雨の日も散歩に出せば喜ぶイヌはいるにはいるが、人間が暑いときはイヌも暑さにしょげかえるし、寒ければ人間同様ブルブルと震えるのである。

たとえば真夏の昼下がりの散歩もやめたほうがいい。これは人間にもつらいものだが、イヌにとっては夏の暑さだけでも苦手なうえに昼間のアスファルトの上を歩かせられてはたまらない。朝の早い時間か、もしくは日が落ちてからゆっくり外に出してあげるべきなのだ。

雨の日は散歩をしないというように徹底して習慣づければ、イヌも雨の日には散歩がないと判断して我慢できるようになる。飼い主とイヌのいい関係を作る絶好のチャンスだと思ってしつけてみてはどうだろう。

## イヌのお産は軽いというけれど？

昔から日本ではイヌは安産の象徴とされ、妊娠5カ月目の戌《いぬ》の日に腹帯を巻くという風習がある。安産の神様として有名な東京の水天宮も、戌の日と毎月5日の縁日にはお腹の大きくなった妊婦やその家族たちでにぎわっている。

古くは魔よけと安産、子育てのお守りとして、親族の妊婦が腹帯を巻く日や初めて子どもが生まれたときなどに犬張子《いぬはりこ》を贈るといった風習もあった。

一般的にイヌは多くの胎児を妊娠するが、妊娠中どんどん膨れていく子宮にも限界があり、また胎盤から供給される栄養も限られているため、必然的に1頭当たりのサイズは小さくなる。つまり、母イヌの産道に比べて胎児の頭が小さいということになり、出産のときにはスルッと産むことができるわけだ。

また、昭和の中頃まではイヌは放し飼いが一般的で、発情期になると雌イヌが自分で交尾の相手を見つけていた。

純血種だけの交配だと遺伝的な疾患が多くなるが雑種同士の交配が多かったため、生まれた子イヌもすくすくと育っていたという。そういうことから、「イヌは安産」と言われるようになったようだ。

しかし、最近では小型犬を飼う家庭が増えて「イヌは安産」とばかりもいえなくなってきた。実は出産頭数は犬種によって異なっており、たとえば中型犬のラブラドール・レトリバーなどは平均5～7頭だが、小型犬のポメラニアンなどは平均1～2頭だ。

つまり、小型のイヌでは胎児の頭数は少なくなるわけだが、カラダが小さい分、母イヌの産道も狭くなっており、産道に比べて胎児の頭が大きい状態となるため難産になりやすいのだ。

しかも、室内飼いが多いため、運動量が少ないわりに食べる機会が増える。その結果肥満体質のイヌが増えていて、中には陣痛が弱く、お産がなかなか進まないイヌもいるという。

イヌも、人間と同じようにダイエットが必要なご時世になったといえるかもしれない。

## 全身毛で覆われているから寒くない？

寒い日の散歩は、人間にはつらいものだ。

飼い主の中にはイヌに向かって思わず「おまえはいいなあ、天然の毛皮を着てるから寒くないだろう」なんてつぶやく人もいるだろう。しかし、これは本当だろう

か。〝純毛〟のイヌは、あまり寒さを感じないのだろうか。

これは間違いである。たしかに全身が毛で覆われてはいるが、ほかの動物と比べて皮下脂肪が厚いわけではないし、体温を逃さないための器官や機能を持っているわけでもない。

だから、人間やほかの動物と同じように寒さを感じるのだ。実際、日陰など気温の低い場所にいるイヌが、寒さでガタガタ震えている姿を見たことがある人も多いだろう。

外で飼っている場合は、冬になったらイヌ小屋の床に温かい敷き物や古いセーターを敷いたほうがいい。特に寒いようならペット用のホットカーペットを使うのもいいだろう。

また室内で飼っている場合も、飼い主が外出してイヌだけになるときには、弱い暖房を入れておくとか、毛布などを用意してあげたほうがいい。

寒さが厳しい時期には、低体温症にかかって衰弱するイヌも少なくない。体温が下がったままになり、カラダのいろいろな働きが低下するのだ。

こうならないためにも、温かい環境を作ってあげたい。たとえ雪が降っても「イヌはよろこび庭駆け回り」とは限らないのだ。

## イヌも夢を見るって本当？

人間の睡眠には「レム睡眠」と「ノンレム睡眠」がある。「レム」とは「Rapid Eye Movement」の略で、眼球運動をともなう睡眠を指している。「レム睡眠」時には脳が記憶の整理をしながらもカラダは眠っている状態にあり、反対に「ノンレム睡眠」時には脳は休息している状態にある。この2つはひと晩のうちに交互に現れて、脳とカラダを常によい状態に整えてくれているのだ。

2つの睡眠のうち夢を見るのは「レム睡眠」のときで、人間の場合寝言を言ったり、腕や脚を動かしたりといった動作が見受けられる。眼球が動くのは夢を見ているからだといわれている。

イヌを飼っている人の中には、「ウチのイヌは寝ているとき目がキョロキョロ動いている」とか、「夜中にときどきムニャムニャ言っている」、「走っているときのような感じで脚を動かすことがある」などと、思い当たることがあるかもしれない。

実際イヌにも「レム睡眠」と「ノンレム睡眠」があり、人間同様「レム睡眠」の時に夢を見ているらしい。

イヌは人間に比べて睡眠時間が長く、子イヌなら1日の大半を、成犬でも1日の半分程度は寝て過ごす。その長い睡眠時間の中で「ノンレム睡眠」は極端に短く、夢を見る「レム睡眠」のほうが長い。物音がするとすぐに起きられるのは、浅い「レム睡眠」の時間が長いせいである。

そんな長くて浅い「レム睡眠」だが、イヌが記憶を整理するうえでは必要な眠りだ。よく愛犬がピクピクとカラダを動かしたりすると心配になってつい揺り動かしてしまいたくなるが、ゆっくりと夢を見させてあげたいものだ。

かといって「ノンレム睡眠」のときなら起こしてもよいかというと、そうでもないので注意が必要だ。20世紀の初め、フランスの科学者がイヌを2週間以上起こし続けておくとどうなるかの実験をしたが、269時間起こし続けられたイヌの脳細胞は大きなダメージを受けて壊れ、場合によっては死んでしまうこともわかった。

そこまで極端でなくても、脳を休める「ノンレム睡眠」をとれないとイライラしたり、情緒不安定になってしまう。イヌが寝ていたら、無理に遊ばせたりせずにそっとしておいてやることが大切だ。

イヌも人間も、「寝る子は育つ」に変わりはないようである。

## 去勢手術をすると性格が変わるの？

去勢手術や避妊手術というと「人間の都合でイヌに手術を受けさせ、子どもが作れないようにするのはかわいそうだ」と反対する人がいる。しかし、飼い主も何匹でも飼えるわけではないし、手術をしていないイヌがいるために捨てイヌが増えているというのも、また事実だ。もしも必要であれば、迷わず手術を受けることが大事である。

ところで、去勢手術や不妊手術をするとイヌの性格が変わってしまうと思い込んでいる人がいる。しかし、それは誤りだ。性格そのものが変化することはない。

では、なぜそんなふうに思えるのだろうか。それは、手術の後に行動が多少変化するからだ。

いわゆる性衝動がほとんどなくなるので、雌の場合は行動に落ち着きが出て、おだやかになったように見える。雄のほうも攻撃性がなくなり、フラフラするような行動も減る。吠えることも少なくなり、ますます飼い主に従順になるのだ。

また雌が分泌物で部屋を汚したり、雄がニオイづけのマーキングをすることが減るので、手間がかからなくなり、それだけ素直になったように思えるのだ。

ただしこれらは、性衝動に関する行為が減ったということである。けっして、そのイヌの性格そのものが変わったわけではない。性行為をする能力がなくなったからといって、まるっきり別のイヌになってしまうわけではないのだ。

なお、手術をすると、少し太ってくるイヌがいる。これは動き回ることが減るので運動量が減り、そのために体重が増えるのだ。もしも体重が増えすぎて気になるようなら、散歩の量を増やすなどしたほうがいいだろう。

また、手術を受けることにより、雌は卵巣異常や乳腺の腫瘍をはじめホルモン異常が原因の病気にかかりにくくなり、雄は精巣の腫瘍、前立腺、肛門、会陰部（肛門と性器の間の部分）の病気などを防ぐことができる。イヌにとってもメリットがある手術なのだ。

イヌと人間が共存するために必要な去勢手術や避妊手術。たとえ子孫は増やせなくても、そのイヌの愛すべき性格までは変えられないのだ。

## 麻薬捜査犬は、なぜ中毒にならないのか？

麻薬捜査犬は正しくは麻薬探知犬と言う。

アグレッシブドッグとパッシブドッグの2種類があり、前者は麻薬のニオイを探し当てると引っかくような仕草で知らせ、主に空港や国際郵便局などで検査をするイヌで、後者はオスワリの姿勢で知らせ、空港で乗客らの検査をするイヌである。

この任につくイヌは、ラブラドール・レトリバーやゴールデン・レトリバー、ジャーマン・シェパードなどの大型犬から柴犬にいたるまで犬種もさまざまだが、人間に慣れ親しむとともにどんなところでも怖がらない大胆さが必要といわれている。

麻薬探知犬は、ハンドラーと呼ばれる税関の職員と1対1でペアを組んでいる。ハンドラーはタオルを棒のように長く、堅く巻きつけたものを麻薬探知犬と取り合って遊ぶことから訓練を始める。訓練が進むにつれてタオルに麻薬のニオイをつけ、そのニオイがするところにはタオルがあるということをイヌに学習させていくのだ。

しかし、ハンドラーが検査や訓練以外で麻薬探知犬と遊んでやることは、まずありえない。それは、麻薬探知犬にとってハンドラーと共に検査や訓練をしているときが何よりも楽しい時間になるように、という理由からだ。

つまり、麻薬探知犬は麻薬が欲しくて探しているのではなく、ハンドラーと一緒に遊びたいからそのニオイを探しているにすぎないのだ。麻薬そのものを至近距離で嗅ぐわけではないので、もちろん麻薬中毒になることはない。

麻薬に近い環境にいても、イヌは人間のようにその毒牙の誘惑に負けたりはしないようである。

## なぜ毎日お風呂に入れてはいけないの?

きれい好きの人でなくとも毎日シャワーかお風呂には入りたいものだ。その日の汚れはその日に落としたいと思うのは誰でも同じ。このとき愛犬も一緒に入れればイヌもさっぱりするのではないかと考えてしまうことがある。なにしろ相手は毛むくじゃらの動物だ。

しかしイヌを頻繁に洗うことは厳禁なのである。皮膚や毛幹を保護するためにイヌは分泌物を出しているのだが、それまでも洗い落としてしまうと半月近くはもとに戻らないのだ。

それを知らずに毎日のようにお風呂に入れてやると毛の色が悪くなり、時にはシャンプーが皮膚を荒らすことにもつながってしまうのである。

室内で飼っているイヌの場合は月1回、屋外で飼っているなら年2～3回も洗ってやれば充分。そして風呂に入れてやるときはカラダを洗うだけでなく、耳の中などイヌが普段自分で舐めたりできないところをガーゼなどの柔らかいもので拭いてやることも欠かせない。

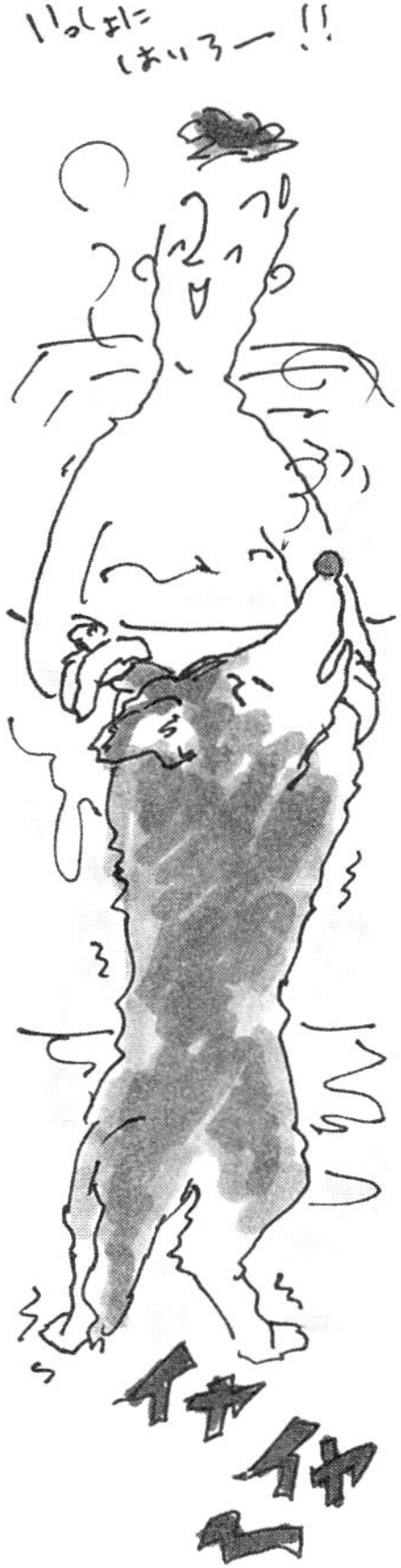

全身が毛だらけといってもイヌはけっして不潔な動物ではないのだ。毛むくじゃらでもないのに毎日風呂に入りたがる人間のほうが異常なのかもしれない。

## シベリアン・ハスキーは評判通りバカなの?

シベリアン・ハスキーといってわからなくても、漫画『動物のお医者さん』に登場するイヌといえばわかるだろう。

オオカミのような風貌、がっしりした体格、そしてその多くが印象的なブルーの瞳を持っている、あのイヌだ。

シベリアン・ハスキーは、シベリアのチュクチ族というイヌイットが古来からそり犬として使っていたイヌである。アメリカの探検隊がイヌイットのことをハスキーと呼んだことからこの名がついた。

オオカミを思わせる顔立ちに似ず性格は人懐っこくやさしいが、なかには知らない人にまでシッポを振るようなイヌもいて、番犬には向かないようである。

また、やさしい性格だが、ただ服従するタイプではないので訓練は難しい。そり犬としての歴史が長いだけに十分な運動量が必要な犬種でもある。しかも、これがうまくいかないと突然走り出してしまったりすることもある。

「バカだ」といわれてしまう所以《ゆえん》はどうもそのあたりの身勝手な振る舞いにあるようだが、これはシベリアン・ハスキーの性格や特性を知らないことから起こる誤解でもある。

「シベリアン・ハスキーはバカだ」ということは、自分の無知をさらけだしているのと同じことなのである。

## 盲導犬にラブラドール・レトリバーが選ばれる理由は？

盲導犬は、視覚に障害を持つ人が歩くのを補助するパートナーである。最近ではテレビの動物番組や書籍などでその存在が取り上げられることも多くなった。

盲導犬の訓練は、生後1カ月半で母イヌから離れることから始まる。通常母イヌとの別れが生後2カ月半ぐらいなのに比べると、非常に早い〝乳離れ〟だ。

生後約2カ月からはパピーウォーカーと呼ばれるボランティアの自宅に預けら

れ、家庭の中で生活するのに必要なルールやマナーと人間に親しむ基礎を学ぶ。1歳になると盲導犬訓練センターに入り、ここで盲導犬になる適性があると判断されると、命令を理解し実行する訓練や一般道路で視覚障害者を誘導する訓練などを行うことになっている。

そして、6～10カ月の訓練終了後、最終的に適性と判断されたイヌのみが盲導犬となるのだ。

その後はパートナーとなる視覚障害者との合宿訓練などを経て、ようやく一人前の盲導犬として仕事に就くのである。

そんな盲導犬には人間に対して従順なのはもちろん、ほかの人間や動物にもむやみに警戒心を持たず、繁華街や駅などの騒がしかったり人が多い所でも怖気づかないような性質を兼ねていることが要求される。

それに当てはまるのがラブラドール・レトリバーなどだが、実はこうした性格のイヌはほかにもいる。

たとえば、盲導犬として初めて訓練されたのはジャーマン・シェパードだった。しかし、現在ではラブラドール・レトリバーのほうが見た目に愛らしく、おっとりとした性格がイヌ嫌いの人にも怖がられないために主流となっているのだ。

イヌも、容姿が第一印象を決めるのに変わりないようである。

## いつも涙目のチワワは気の弱い性格なの？

テレビのCMで人気が大ブレークしたチワワ。クリクリとした涙目が愛らしい。イヌ好きでなくとも思わず「かわいい！」のひと言が出てしまいそうだ。

チワワは犬種の中で最も小さいといわれるイヌ。体高は12センチ前後で体重も0・5～2・7キログラムと、手の平に乗ってしまいそうな大きさだ。愛くるしいと思って抱きしめたら潰れてしまいそうである。

このイヌはメキシコのトルテカ族が飼っていたテチチというイヌがルーツで、米国人がこれにチャイニーズ・クレステッドなどのイヌを掛け合わせて、1800年代に誕生したようだ。チワワの名前はメキシコのチワワ市に由来している。

このテチチというイヌは高貴なおイヌ様らしく、一説によるとアステカ文明の頃には上流階級の人々は奴隷に1人1頭ずつ面倒を見させながら飼っていたという。

カラダは小さいもののプライドだけは高く、大きなイヌが来てもひるまずに吠え、ときとして大胆な行動をする活発な性格なイヌとして紹介されることが多い。

見かけでは判断できないのは人間だけではなくイヌも同じようである。今度ペットショップに行ったら、じっくりとチワワを観察して小さなカラダに隠された高貴な心を覗いてみたいものである。

## 優秀な猟犬「ポインター」の名前の由来は?

森の中でご主人が撃ち落とした鳥を探し出してくわえて持ってきたり、あるいは猟がしやすいように獲物を追い出したりと、猟犬はハンティングに欠かせない人間のよきパートナーである。

この猟犬の中でもその活躍ぶりが名前の由来になったのがイヌのポインター。ペットで飼われているイヌは何か動くものを見つけると獲物と思って飛びかかるが、ご主人がやってきてもくわえた獲物を放そうとはしない。

それどころか手を出そうものなら「ウーッ」と唸って威嚇されるのがオチである。

ところが猟犬のポインターはまったく違う。もともと狩猟用に訓練されてきたイヌだけに、獲物である鳥を見つけると姿勢を低くして近づき、立ち止まるとじっとしたまま片足を上げ獲物の位置を主人に教えるのである。

獲物のいる場所をポイント（指し示す）してくれることから、ポインターの名前がついた。まさにハンターにとっては欠くことのできない相棒なのである。

## イヌの祖先はオオカミってホント？

イヌの祖先がどんな動物かについては昔から議論されてきた。ある専門家はジャッカルが祖先だという説を唱え、ある学者は絶滅した野生犬であると論じ、また別の論文ではオオカミだと主張している。

ジャッカルであるとする説は、動物行動学者のローレンツ博士が唱えたものだ。彼はいくつかのイヌはオオカミの子孫だが、そのほかはジャッカルの子孫であると考えた。しかし、後にジャッカルの遠吠えのバリエーションがイヌやオオカミとはまったく異なることから、この説を否定している。

野生犬であるという説は、その祖先と判断できるような野生犬の骨などが見つからないため証明されていない。

現在ではアメリカの学者によるイヌとオオカミのＤＮＡ分析が発表され、イヌの祖先はオオカミだという説が有力である。イヌとオオカミは外見的にもよく似ているし、歯の数や骨格などにも共通点がある。

ほかにも、イヌもオオカミも妊娠期間がおよそ９週間という点、舌をだらんと出して体温調節する点、群れで行動しリーダーには絶対服従する点などが同じだ。

１日中寝てばかりいるようなイヌも、ある日突然野生に目覚めるかも……？

## イヌは世界に何種類ぐらいいるの？

イヌと人間のつき合いは、太古の時代に人間が決まった土地に住み始めた頃からだといわれる。その後、人間に家畜として飼われるようになったのは今から１万２０００年前らしい。

人間はイヌに狩猟犬、牧羊犬、番犬などさまざまな役割を与え、その目的に合った能力を保つために純血種が作り上げられていった。

たとえば、最も古くから用いられていた狩猟犬としてハウンド種やテリア種が、遊牧民の飼う羊を管理するための牧羊犬としてシェパード種やコリー種が作り出されている。

人間はさらにこうした純血種同士をかけ合わせ、闘犬や運搬犬などそれぞれの目的のために改良を重ねていった結果、いろいろな犬種が生まれることとなった。

今ではイヌの種類も多様化し世界中で700から800ともいわれているが、公認されている犬種となるとそれほど多くはない。公認犬種とはイヌの原産国で公に

純粋犬種として認められ、「犬種標準」が定められているとともに国際的に認められたものをいう。

現在、国際的な蓄犬団体の連合体・国際蓄犬連盟では350種類を公認している。その中で、たとえば英国ケネルクラブは112種、アメリカ・ケネルクラブでは138種、ジャパン・ケネルクラブでは164種を公認しているが、これはそれぞれケネルクラブの規約によって犬種が公認されるからである。そのため、イギリスでは公認犬種とされているイヌがアメリカでは公認されていないこともある。

それにしても、多くの種類から自分にぴったりのイヌを見つけるのもまた楽しいものではないか。

## 血統書には何が書かれているの？

人間でもときどき「彼女は血統書つきだよ」と言われる人物がいる。しかし人間には本物の血統書はない。その点、イヌの血統書は本物だ。

血統書つきのイヌなど縁がないから血統書そのものも見たことがない、という人も多いかもしれないが、その血統書には何が書かれているかというと、まずイヌの生年月日と性別、毛色、繁殖者、登録者、所有者、登録番号が記されている。

そして最も肝心なのは、3代前から5代前までの先祖を記載している点だ。血統書つきのイヌとは、言うまでもなく純血種なのだが、その家系図を明確にしたものが血統書なのだ。

血統書があれば、ほかのイヌとの交配のときの参考になる。交配を考えている人には血統書はなくてはならない存在なのである。

ことに重要なのは雄系の血統だ。子イヌの質を決めるのは母親の血筋だが、優れた血筋で展覧会でもチャンピオンになる母親がどんな雄と交配したかが問題になるのだ。

血統書にのる雄系も、ほとんどは展覧会でチャンピオンになったような優れたイヌで、「優れた血筋の母親と、展覧会で優秀な成績をおさめた父親との交配によって生まれた子イヌ」だということを証明するのが血統書だといえる。

ただし、優れた血筋だからといって、子イヌが必ず名犬になるとは限らない。どう育つかはあくまでも育て方次第だということもお忘れなく。

## 血統書の「CH」という記号は何を意味する?

「ウチのイヌは血統書つきの立派なイヌだ!」とか「血統書がついていれば安心」などという話を耳にすることは多い。たしかに、血統書つきのほうが高価だし自慢できる。

イヌの場合、血統書といえばジャパン・ケネルクラブが発行するものが広く知られているが、血統登録団体によって若干の違いがある。

血統書に記載されていることは前述したとおりだが、その中に「CH」などの記号で書かれたものがある。

これは賞暦のことで、CHはドッグショーのチャンピオン、T/CHはトレーニングチャンピオン、CDは家庭犬の訓練試験に合格、GDは警察犬の訓練試験に合格、IPOはFCI国際訓練試験に合格したという意味がある。もちろんこれらの記号がついているほうが評価も高くなるのだ。

しかし、血統書の信憑性にまったく問題がないとは言い切れないのが現状で、ジャパン・ケネルクラブでは2003年からチャンピオン登録の際にはDNAによる個体識別を義務づけることになった。

イヌの価値が血統書で決まるわけではないが、家族の一員でもある愛犬の親や祖父母などを知っておくことも大切なことである。

## なぜイヌにだけ登録制度があるの？

イヌを飼う場合には、生後3カ月を過ぎた子イヌから、所轄の役所と保健所に「畜犬登録」をすることが義務づけられている（自治体により有料）。これは狂犬病予防が目的であり、自治体がどこでどんなイヌが飼われているかを把握するためだ。

また年に1回、狂犬病の予防注射を受けることも義務づけられている。どちらも、イヌを飼う以上は飼い主の責任として必ず果たさなければならないものだ。

狂犬病はイヌ以外の動物にも感染する可能性があり、人間の場合は感染するとワクチン注射をしなければ間違いなく死亡する。現在、日本では狂犬病はまったく見られず、なくなってしまった病気だと思っている人もいるが、世界的には減るどころか逆に増えている国もある。

日本と外国との人の出入りが年々増えるにつれ、一緒に移動するイスも増えてくる。畜犬登録と狂犬病予防注射は、ますます欠かせないものになっている。

なお、「家の中だけで飼うから狂犬病にかかるおそれはない。だから登録も注射も不要」と思っている人もいるが、どんな飼い方をしても登録や予防注射はしなければならない。安心してイヌを飼うための社会的義務だと思って、必ず果たしてほしい。

## なぜ、熱い食べ物はダメなの？

イヌのエサはドックフード一筋という飼い主も多いだろうが、長く人間と暮らしているイヌは人間が食べるものならほとんど食べることができる。夕ご飯の残り物や賞味期限を過ぎたものなど、捨てるのはちょっともったいないから……と、これらの余り物をエサとしてあげている飼い主もいるはずだ。

そんなときに注意してほしいのがエサの温度。まさかアツアツのご飯をそのままイヌにあげる飼い主はいないと思うが、実はイヌはネコと同じように熱い食べ物を食べたり飲んだりすることができない。冷まさずに熱いまま与えてしまうとやけどをすることもあるから要注意だ。

反対に極端に冷たすぎるエサも体調を壊す一因になる。たとえば、作りおきのおかずや缶詰の残り物などは冷蔵庫で保存しておくことが多い。それをそのままイヌにあげてしまうと、イヌは迷うことなくあっという間に平らげてしまう。

熱過ぎければ「アチチ」となることが多いが、冷たいものは案外何の支障もなくノドを通ってしまうのだ。

そうすると急激な冷たい刺激によって下痢を起こしたり、胃腸カタルの原因にもなる。できれば、イヌの体温と同じくらいの38～39度程度に調節してからあげるようにしたい。

ちなみに、イヌには与えてはいけない食べ物にタマネギがある。これはすべてのイヌに当てはまるわけではないのだが、タマネギ中毒を起こすと赤い尿を出して貧血を起こしてしまうのだ。タマネギをはじめ、ネギ、ニラ、ニンニクも同じ。ハンバーグや汁ものなど、ネギ類のエキスが入っているものも与えてはいけない。

人間は冷ましながら食べることができるが、イヌはそうはいかないのである。

## イヌはグループに分かれているって本当?

よく「犬種」という言葉を耳にするが、この犬種とは読んで字のごとくイヌの種類を表す表現だ。たとえば、ポメラニアンやヨークシャテリア、柴犬などの呼び名がそうで、現在世界には公認されているだけでも350もの種類が確認されている。

ところが、この数百種類のイヌたちは実はカラダの大きさだけでなく、長い歴史に裏づけされた本来得意とする分野で8つのグループに分けられているのだ。

それぞれを紹介すると、まずトイグループ。これはチワワなど文字通り貴族の愛玩犬だったイヌのグループをさす。

次にワーキンググループは働き者のイヌたちで、セント・バーナードなど救助犬や犬ぞりに使われるイヌのこと。3つ目のハーディンググループはジャーマン・シェパード・ドッグなど牧羊、牧畜犬のことだ。

そしてガンドッググループは鳥撃ちのときにハンターの手足となって動くポイン

ターなどのイヌたち。これが鳥撃ち以外の狩猟に付き添うイヌになるとハンドドッグのグループになり、さらにその中でも土を掘ってウサギ狩りが得意なのがテリアグループに分けられる。

７つ目がコンパニオングループで、プードルなどが含まれている。最後はジャパニーズグループで、これは柴犬など日本犬が入る。

昔から人間と共に暮らしてきたイヌたちは、その〝能力〟によっていろいろなカテゴリーに分かれているのである。

## ●参考文献

「愛犬の困ったクセや性格を直す本」（中村信孝／ナツメ社）、「犬の事典」（セルジュ・シモン、ドミニク・シモン／今泉忠明監修／学習研究社）、「初めての人の犬のしつけと飼い方」（石川祥子／小暮規夫監修／西東社）、「イヌのひみつ」（大野淳一監修／学習研究社）、「絵でわかる愛犬の美容とトリミング」（清水幸子監修／日東書院）、「愛犬のしつけと訓練」（小田哲之亮監修／日本文芸社）、「イヌとなかよく暮らす本」（ドッグ・ファンクラブ／日本文芸社）、「イヌはなぜ飼い主に似てしまうのか　ドッグおもしろ博物学②」（沼田陽一／PHP研究所）、「犬をはじめて飼う人のための本」（小暮規夫監修／西東社）、「犬が訴える幸せな生活　わかって下さい！何を考え、何を望んでいるのか」（林良博／光文社）、「犬の気持ちと行動がわかる本」（小暮規夫監修／西東社）、「イヌ無用の雑学知識」（沼田陽一／ワニ文庫）、「イヌのこころがわかる本」（マイケル・W・フォックス／朝日文庫）、「イヌの心理学」（マイケル・W・フォックス／白揚社）、「犬と楽しく付き合う本」（利岡裕子／三笠書房）、「イヌは飼い主に似る」（利岡裕子／三笠書房）、「イヌのオモシロことわざ学」（小方宗次／PHP研究所）、「ドッグ・ウォッチング」（デズモンド・モリス／平凡社）、「イヌに遊んでもらう本」（博学こだわり倶楽部編／河出書房新社）、「イヌに遊んでもらう本　2」（博学こだわり倶楽部編／河出書房新社）、「イヌに遊んでもらう本　3」（博学こだわり倶楽部編／河出書房新社）、「初めての人の犬のしつけと飼い方」（石川祥子／西東社）、「かわいい小型犬　2003・7月号」（フロム出版）「愛犬の友　2003・7月号、8月号」（誠文堂新光社）、「あきらめないで！　必ず直せる愛犬のトラブル」（渡辺格・古銭正彦／新星出版社）、「お手からはじめる愛犬のくんれんマニュアル」（佐藤美津子／誠文堂新光社）、「犬と暮らす」（杉本征／徳間書店）、「その道のプロが教える裏ワザ大事典2」（知的生活追跡班／青春出版社）、「愛犬の困った！　をカンタンに解決する裏ワザ77」（藤井聡／青春出版社）、「イヌの気持ちが100%わかる本」（高崎計哉監修・イヌ大好きネットワーク／青春出版社）、「しつけの仕方で犬はどんどん賢くなる」（藤井聡／青春出版社）、「獣医さんが教える犬のお手入れわん、2、3」（野矢雅彦／青春出版社）、「小型犬の気持ちが100%わかる本」（藤井聡監修・なかよし小型

犬サークル／青春出版社）、「柴犬の気持ちが100％わかる本」（柴犬と幸せに暮らす会／青春出版社）、ほか

〈ホーム・ページ〉

1stチョイス　愛犬・愛猫飼育の基礎知識（チョーリ株式会社）、花王ペットケア（花王株式会社）、北海道犬博物館、ペットビジネス＠nEO、行政書士石上事務所P—WELL．COM、犬猫病気百科お産をする（大阪市阿倍野区岸上獣医科病院会長　岸上正義監修）、糖尿病（赤坂動物病院　石田卓夫監修）、財団法人日本盲導犬協会、日本ヴェツグループ、NHK教育テレビ　シリーズいのち　はたらく犬たち、横浜税関、沖縄地区税関、メリアル・ジャパン株式会社、犬のノミ・マダニフロントライン、ノミの生態　マダニの生態杉並獣医師会、メディア・アキタ、大館市、獣医師広報版、読売新聞西部本社、社団法人千葉県獣医師会、レオ動物病院（大阪市西淀川区）　犬の肥満と糖尿病、京大病院オンライン糖尿病教室、大庭動物病院（静岡県焼津市・清水舞鶴市）、日本愛犬振興会、北海道新聞　獣医さんのこぼれ話　難産が多い最近の犬（札幌北光犬猫病院院長立花徹）、ジャパン・ケネルクラブ、ティンカーベルJP、日本ペットフード株式会社、犬種図鑑、AUSTENS　PAW、ドッグハウス・ボーモンド、犬と楽しく暮らそう、大野犬猫病院、Webギャラリー　いちびりTOWN、動物愛護フォーラム、東京都世田谷区、東京都健康局、星ヶ丘動物病院、へそ曲がり獣医の動物福祉論、総合病院ペットセンター名越、ほか

青春文庫

知《し》れば知《し》るほど好《す》きになる！

# イヌの大疑問《だいぎもん》

2003年12月20日　第1刷
2009年 9月 5日　第2刷

編　者　ペット生活《せいかつ》向上《こうじょう》委《い》員会《いんかい》
発行者　小 澤 源 太 郎
責任編集　株式会社プライム涌光
発行所　株式会社青春出版社

〒162-0056　東京都新宿区若松町 12-1
電話 03-3203-2850（編集部）
03-3207-1916（営業部）
振替番号　00190-7-98602

印刷／共同印刷
製本／フォーネット社
ISBN 4-413-09281-3

## 仕事の9割は「アポ」で決まる！

「しつこい」と嫌われるか、「熱心」と感心されるか…　伝説の営業マンが教える業績アップのトーク術

中島孝志

619円
(SE-436)

## カンタンだけど意外と知らない「やる気」のツボ

たったこれだけで、仕事がどんどん面白くなる！――結果を出す人が必ずやっている6つのこと

浜口直太

619円
(SE-437)

## すべてのはじまり、すべての終わり――エヴァンゲリオンの謎

秘められた真実、求める心、人の造りしもの、言葉の裏側――再構築〈リビルド〉された物語の原点を読み解く

特務機関調査プロジェクトチーム

543円
(SE-438)

## 脳がワクワクする「理系」ドリル

ちょっと頭をひねって、科学に挑戦しよう！　あなたの理系脳を育てる本

半田利弘

629円
(SE-439)

ほんとうのあなたに出逢う　青春文庫

## 藤原美智子のきれいをつくる秘密

きちんと知っておきたい、美しさの基本とコツ

藤原美智子

立体感を生み出すファンデーションの部分テク…他、いつも持っていたい、メイクアップ・バイブル！

638円（SE-440）

## いい関係が生まれる79のヒント

人づきあいの極意

斎藤茂太

「なぜかウマがあう」と感じる人がどんどん増えていく！人間関係のストレスが解消する一冊

600円（SE-441）

## 世界で一番おもしろい「経済地図」

ワールド・リサーチ・ネット［編］

経済の歴史は「繰り返し」だった！マルクス、BRICS、世界金融危機…日本と世界の「これから」が見える！

571円（SE-442）

## あの人の裏と表

日本史の意外な顛末

三浦竜

まさか、そんな素顔があったとは！歴史の面白さが一変する醍醐味満載の一冊

581円（SE-443）

※価格表示は本体価格です。（消費税が別途加算されます）